中华生活经典

茶　经

【唐】陆　羽 著
沈冬梅 编著

中华书局

图书在版编目(CIP)数据

茶经/(唐)陆羽著;沈冬梅编著.—北京:中华书局,2010.9
(2019.2 重印)
(中华生活经典)
ISBN 978 – 7 – 101 – 07529 – 8

Ⅰ. 茶… Ⅱ. ①陆…②沈… Ⅲ. ①茶 – 文化 – 中国 – 古代
②茶经 – 注释③茶经 – 译文 Ⅳ. TS971

中国版本图书馆 CIP 数据核字(2010)第 148108 号

书　　　名	茶　经
著　　　者	〔唐〕陆　羽
编　著　者	沈冬梅
丛　书　名	中华生活经典
责　任　编　辑	张彩梅
出　版　发　行	中华书局
	(北京市丰台区太平桥西里 38 号　100073)
	http://www.zhbc.com.cn
	E-mail:zhbc@zhbc.com.cn
印　　　刷	北京瑞古冠中印刷厂
版　　　次	2010 年 9 月北京第 1 版
	2019 年 2 月北京第 10 次印刷
规　　　格	开本/710×1000 毫米　1/16
	印张 13¼　字数 150 千字
印　　　数	58001 – 64000 册
国　际　书　号	ISBN 978 – 7 – 101 – 07529 – 8
定　　　价	28.00 元

前　言

一　作者陆羽

《茶经》，唐陆羽 (733—804) 著。

陆羽，字鸿渐，一名疾，字季疵。唐代复州竟陵 (今湖北天门) 人。居吴兴 (今浙江湖州) 号竟陵子，居上饶 (即今江西上饶) 号东岗子，于南越 (今广东) 称桑苎翁。陆羽在所写《陆文学自传》中称自己不知所生，三岁时被遗弃野外，竟陵龙盖寺 (后改名为西塔寺) 僧智积在水滨拾得而收养于寺。陆羽长大后以《周易》为自己占卦，得"蹇"之"渐"卦曰"鸿渐于陆，其羽可用为仪"，因而用它们作为自己的名姓，姓陆名羽字鸿渐。一说因智积俗姓陆，故以陆为姓 (见《因话录》卷三)。

九岁时，陆羽开始学习撰写文章。师父智积想让他学佛，"示以佛书出世之业"，而陆羽一心向往儒学，智积屡劝不从，因而罚他做扫寺地、洁僧厕、践泥圬墙、负瓦施屋、牧牛等重务。在这些沉重劳动之余，陆羽仍然坚持学习。没有纸练习写字，就用竹枝在牛背上写。智积知道陆羽坚持学习的情况后，怕他看多了佛家之外的典籍，心去佛道日远，就将陆羽拘束在寺中，"芟剪榛莽"，并派门人之伯看管他。陆羽一边干活一边默诵所学，被看管的人鞭打其背，直打到棍子断才住手。陆羽不堪困辱，逃寺而去，投靠当地戏班，弄木人、假吏、藏珠之戏，演戏为生，很快显现才华，著《谑谈》三篇，并任伶正。

唐玄宗天宝五载 (746)，复州人聚饮于沧浪之洲，陆羽为伶正之师，参加欢庆活动。当时河南太守李齐物谪守竟陵，很欣赏陆羽，抚背赞叹，亲授诗集。此后，陆羽负书火门山邹夫子门下，受到了正规教育。天宝十一载 (752)，礼部郎中崔国辅贬为竟陵司马，也很赏识陆羽，相与交游三年，品茶论水，诗词唱和，雅意高情一时所尚，有酬酢歌诗合集流传。李齐物的赏识及与崔国辅的交往，使陆羽得以跻身士流、闻名文坛。

天宝十四载 (755)，安禄山叛乱。肃宗至德初 (756) 北方人大量南迁以避战祸，正在陕西游历的陆羽亦随流民渡江南行。至德二年 (757)，陆羽至无锡，游无锡山水，品惠山泉，结识时任无锡尉的皇甫冉。行至浙江湖州，与诗僧皎然结为缁素忘年之交，曾与之同居妙喜寺。乾元元年 (758)，陆羽寄居南京栖霞寺研究茶事。其间皇甫冉、皇甫曾兄弟数次来访。肃宗上元元年 (760)，陆羽隐居湖州，结庐苕溪之湄，闭关对书。

代宗大历二年 (767) 至三年间，陆羽在常州义兴县 (今江苏宜兴) 君山一带访茶品泉，建议常州刺史李栖筠上贡阳羡茶。大历八年 (773) 正月，颜真卿到湖州刺史任。夏六月，陆羽应颜真卿约参加其主编的《韵海镜源》编撰工作。冬十月，颜真卿建新亭在妙喜寺左落成，因时在癸丑年、癸卯月、癸亥日竣工，陆羽为之题名曰"三癸亭"。

建中三年 (782)，陆羽离开湖州移居江西。德宗贞元元年 (785)，移居信州 (今江西上饶)。贞元二年 (786) 岁暮，陆羽移居洪州玉芝观。贞元五年 (789) 之前，陆羽由湖南赴岭南，入广州刺史、岭南节度使李复 (李齐物之子) 幕府。大约在贞元九年 (793) 由岭南返回江南。此后陆羽行历不明。贞元二十年 (804) 冬，陆羽卒于湖州，葬杼山，与皎然砖塔相对。

陆羽在文学、史学、茶文化学与地理、方志等方面都取得了很大的成就，时人权德舆称赞他"词艺卓异，为当时闻人"。然而在其身后，影响至深、流传最广的是他所著《茶经》在茶文化学方面的卓越成就。"自从陆羽生人间，人间相学事春茶。"（梅尧臣《次韵和永叔尝新茶杂言》）陆羽在当时就被奉为茶神、茶仙。在《连句多暇赠陆三山人》诗中，耿㵾即称陆羽："一生为墨客，几世作茶仙。"李肇《唐国史补》记载唐后期时人们已经将陆羽作为茶神看待，《唐才子传》称陆羽《茶经》之后"天下益知饮茶矣"。陆羽及其《茶经》对茶业及茶文化的发生、发展起着不可磨灭的创始作用。

陆羽幼年在龙盖寺时要为智积师父煮茶，煮的茶非常好，以至于陆羽离开龙盖寺后，智积便不再喝别人为他煮的茶，因为别人煮的没有陆羽煮的合乎积公的口味（《纪异录》）。幼时的这段经历对陆羽的茶事业影响至深，它不仅培养了陆羽的煮茶技术，更重要的是激发了陆羽对茶的无限兴趣。陆羽青年时与贬官于竟陵的崔国辅"相与较定茶、水之品"也是他重要的茶事经历。与崔国辅分别后，陆羽开始了个人游历。安禄山叛乱后，陆羽与北方移民一道渡江南迁，一路考察了所过之地的茶事。与其交往的皇甫冉、皇甫曾、皎然等写有多首与陆羽外出采茶有关的诗。上元初，陆羽隐居湖州，撰写了大量的著述，《茶经》是其中唯一传存至今的著作。

关于《茶经》成书的时间，学界有760年、764年、775年三种意见。三说各有所据，然皆有偏颇。应是《茶经》经历了初稿及修改稿的过程，而且其初稿、修改稿皆有流传。

《茶经》初稿完成于上元二年（761）之前，因为在这年陆羽写了自传，其中记述他已完成的著作中有《茶经》一项，则《茶经》初稿定撰成于上元辛丑岁撰写自传之前。日本布目潮沨先生根据《茶经·八之出》所列地名研究发现，《茶经》所载产茶州县地名，除极个别外，都是758—761年之间所改名，表明《茶经》写作时间当是在758—761年之间。从另一角度证明《茶经》写作时间当在761年之前。

陆羽在《茶经·四之器》记述自己所制风炉一足上刻有"圣唐灭胡明年铸"语，一般据此认为，《茶经》在764年之后，曾经修改。因为唐政府在广德元年（763）彻底平定安史之乱，这年的"明年"即第二年是764年。

据成书于8世纪末的封演《封氏闻见记》卷六《饮茶》的记载内容表明，《茶经》在760年完成初稿之后就广为流传。

而在773年应邀参加《韵海镜源》的编撰工作成为陆羽修改《茶经》的新契机。陆羽在这一工作中能够接触大量的文献，有助于他在774年完成编纂工作后补充修改《茶经·七之事》中与茶有关的历史、医药、文学的文献记录，陆羽当凭借从中所获的大量文献资料对《茶经》部分内容尤其是《七之事》部分进行补充修改。

有人认为《茶经》约正式刊行于780年左右。这一推论有一定道理，因为此后陆羽曾较长时间定居江西，却未如在浙江湖州时那样，将所经历地区的茶产，细致记入《茶经·八之出》茶产地的小注文中。其后所经历的湖南、广东等地区也未有茶产地加入《茶经·八之出》。抑或陆羽曾又修改补充《茶经》内容，但却未能再流传于世。

三 《茶经》的内容

《茶经》上、中、下三卷十章，内容十分丰富。它总结了当时茶叶生产技术与经验，收集历代茶叶史料，记述作者实践调查。从现代学科分科的角度来说，《茶经》是茶叶文化的百科全书，涵盖了茶叶栽培、生产加工、药理、茶具、饮用、历史、文化、茶产区划等方面的内容。

卷上《一之源》言茶之本源、植物性状、名字称谓、种茶方式及茶饮的俭德之性；《二之具》叙采制茶叶的用具尺寸、质地与用法；《三之造》论采制茶叶的适宜季节、时间、天气状况，及对原料茶叶的选择、制茶的七道工序、成品茶叶的质量鉴别。卷中《四之器》记煮饮茶的全部器具，计二十四组二十九种。全套茶具的组合使用体现着陆羽以"经"名茶的思想，风炉、锼、夹、漉水囊、碗等器具的材质使用与形制设计，则具体体现出陆羽五行协谐的和谐思想、入世济世的儒家理想以及对社会安定和平的渴望。而陆羽在关注世事的同时，又满怀山林之志，是典型的中国传统人文情怀。卷下《五之煮》介绍煮茶程序及注意事项，包括炙茶碾茶、宜火薪炭、宜茶之水、水沸程度、汤花之育、坐客碗数、乘热速饮等方面；《六之饮》强调茶饮的历史意义由来已久，区分除加盐之外不添加任何物料的单纯煮饮法与夹杂其他食物淹泡或煮饮的区别，认为真饮茶者只有排除克服饮茶所有的"九难"，才能领略茶饮的奥妙真谛；《七之事》详列历史人物的饮茶事、茶用、茶药方、茶诗文以及图经等文献对茶事的记载；《八之出》列举当时全国各地的茶产并品第其质量高下，而对于不甚了解地区的茶产，则诚实地谦称"未详";《九之略》列举在野寺山园、瞰泉临涧诸种饮茶环境下种种可以省略不用的制茶、煮饮茶用具,最后又强调,"但城邑之中,王公之门,二十四器阙一,则茶废矣",认为只有完整使用全套茶具,体味其中存在的思想轨范,茶道才能存而不废;《十之图》讲要用绢素书写全部《茶经》,张挂在平常可以看得见的地方,使其内容目击而存、烂熟于胸,这样《茶经》才真正完整了。

四 《茶经》的历史价值

陆羽《茶经》是世界上第一部关于茶的专门著作,在茶文化史上占有无可比拟的重要地位。《茶经》在《新唐书·艺文志·小说类》、《通志·艺文略·食货类》、《郡斋读书志·农家类》、《直斋书录解题·杂艺类》、《宋史·艺文志·农家类》等书中,都有著录。历来为《茶经》作序跋者很多,至今可见的有十七种之多。

作为世界上的第一部茶书,《茶经》被奉为茶文化的经典。唐末皮日休作《〈茶中杂咏〉序》即认为陆羽与《茶经》的贡献很大:"岂圣人之纯于用乎?草木之济人,取舍有时也。季疵始为三卷《茶经》,由是……命其煮饮之者,除痟而疠去,虽疾医之,不若也。其为利也,于人岂小哉!"宋欧阳修《集古录》:"后世言茶者必本陆鸿渐,盖为茶著书自其始也。"明陈文烛在《茶经序》中甚至以为:"人莫不饮食也,鲜能知味也。稷树艺五谷而天下知食,羽辨水煮茗而天下知饮,羽之功不在稷下,虽与稷并祠可也。"

对于古代中国绝大多数文人来说,修齐治平之外,没有绝对的理想;文章之外,没有可以称道的技能;道德、礼教之外,没有必须遵循的规范。

唐宋两朝是一个转折点,唐宋时代的社会、文化几乎各个方面都发生了重大的变革,六经注我,文人们的个体意识开始觉醒,文人们的精神世界开始变得更为丰富复杂,有些方面甚至出现了对立的状态。对于大多数文人个体来说,修齐治平的理想,文章的技能,道德、礼教的规范,是社会与传统之于他们的规范,是社会历史与文化传统赋予他们的价值观念和行为规范，过去很多人只有这些，或最多只表现出这些。而在唐宋变革之际，个体意识开始觉醒的文人，也同时开始向社会提供他们的价值观念和行为规范。

陆羽想要通过茶饮提供给社会的新的东西，是"精行俭德之人"茶饮行为的规范，这是他孤零的身世和遭逢乱世的经历之下所渴求的东西，他想通过茶叶、茶具、煮饮茶的程序等过程与方面的规范化程序，提倡某种在道德、礼教之外的行为规范，应当说这确实是中国古代社会所缺乏的。但中国古代文人内心深处在道德与礼教之外不受任何约束的传统，使得茶并未最终在文人士大夫中间形成新的行为规范。

同时，唐中期兴起讲求顿悟的禅宗，由于它不讲求苦苦的修行，因而在事实上缺乏对禅林僧众的一定的约束力。但任何一个庞大的社会团体，是一定要有某些具有强制性约束力的规范才能维系它在社会中的存在和发展的，为了做到这一点，唐宋之际，禅林清规应时出现，茶也趁此时机进入到禅林的律规之中。

在中国，社会文化根据自己的特性有选择地接受了陆羽《茶经》提供的茶艺文化的部分内容，茶的礼仪、程序部分最终大都进入到需要礼仪规范的宗教之中和一部分民俗当中，留在文人士大夫和众多茶叶消费者中间的，是茶的清雅、芬芳的享受，是精美器物的玩赏，是生命过程中体验与经历在茶中的印证与延伸，人们在其中更多的是享受自适，也是为了充分发挥茶的禀质，更多地享受茶饮茶艺的乐趣。

陆羽《茶经》也影响到了世界其他地区的茶业与文化。日本的茶道、韩国的茶礼，近年在东亚及南亚许多地区盛行、流风余韵拂及北美及欧陆的茶文化，都是在陆羽及其《茶经》的影响下，逐渐发生的文化交流与传播。而茶叶成为世界三大非酒精饮料之一的成就，也是离不开陆羽的肇始之功。

唐代以来《茶经》刊行甚多，据不完全统计，历来相传的《茶经》版本约有六十余种。而现存至今的版本自宋代至民国约有五十余种。一部在传统四部分类中归类不明的著作——诸家书目分别有归于小说类、食货类、农家类、杂艺类者，千百年来在中国本土有六十多种版本刊行流传，在海外有日、韩、德、意、英等多种文字版本刊行，这不仅是出版史上的一个奇迹，也是文化史上的一个奇迹。一直以来，除了儒家经典与佛道经典外，没有什么著作能像《茶经》这样被翻刻重印了如此多次，从中我们既可见到茶业与茶文化的历史性繁荣，也可见到《茶经》的巨大影响。

五　本书的处理方式

本书原文以中国国家图书馆藏南宋咸淳刊百川学海本《茶经》为底本，参校明以来多种版本，但因本书所在书系的体例，不出校记，在原文上径改，其中少量有特殊意义的校勘，在注释中予以说明。

笔者曾经承担全国古籍整理出版规划领导小组资助出版项目《茶经校注》，本书有些注释，因无新的研究与发明，直接采用此书的相关内容，本书的前言，亦据此书的前言改写而成。特此说明。

沈冬梅

2010年3月

目 录

卷 上

一之源 …………………………………………… 1

二之具 …………………………………………… 23

三之造 …………………………………………… 37

卷 中

四之器 …………………………………………… 45

卷 下

五之煮 …………………………………………… 75

六之饮 …………………………………………… 91

七之事 …………………………………………… 105

八之出 …………………………………………… 159

九之略 …………………………………………… 185

十之图 …………………………………………… 191

茶经

卷上

一之源

茶者①，南方之嘉木也②。一尺、二尺乃至数十尺③。其巴山峡川④，有两人合抱者，伐而掇之⑤。其树如瓜芦⑥，叶如栀子⑦，花如白蔷薇⑧，实如栟榈⑨，蒂如丁香⑩，根如胡桃⑪。瓜芦木出广州⑫，似茶，至苦涩。栟榈，蒲葵之属⑬，其子似茶。胡桃与茶，根皆下孕⑭，兆至瓦砾⑮，苗木上抽⑯。

【注释】

①茶：植物名，山茶科，多年生深根常绿植物。有乔木型、半乔木型和灌木型之分。叶子长椭圆形，边缘有锯齿。秋末开花。种子棕褐色，有硬壳。嫩叶加工后即为可以饮用的茶叶。

②南方：唐贞观元年（627）时分天下为十道，南方泛指山南道、淮南道、江南道、剑南道、岭南道所辖地区，基本与现今一般以秦岭山脉—淮河以南地区为南方相一致，包括四川、重庆、湖北、湖南、江西、安徽、江苏、上海、浙江、福建、广东、广西、贵州、云南（唐时为南诏国）诸省市区，以及陕西、河南两省的南部，皆为唐代的产茶区，亦是今日中国之产茶区。嘉木：美好的树木，优良树木。屈原《楚辞·九章·橘颂》："后皇嘉树。"嘉，用同"佳"，美好。陆羽称茶为嘉木，北宋苏轼称茶为嘉叶，都是夸赞茶的美好。

③尺：古尺与今尺量度标准不同，唐尺有大尺和小尺之分，一般用大尺，传世或出土的唐代大尺一般都在三十厘米左右，比今尺略短一些。数十

产自杭州的西湖龙井茶　丁珊供图

尺：高数米乃至十多米的大茶树。在中国西南地区（云南、四川、贵州）发现了众多的野生大茶树，它们一般树高几米到十几米不等，最高的达二三十米，树龄多在一两千年以上。云南思茅地区澜沧拉祜族自治县"千年古茶树"树高11.8米；云南勐海县南糯山乡"南糯山茶树王"（当地称"千年茶树王"，现已枯死）树高5.45米。

④巴山：又称大巴山，广义的大巴山指绵延四川、重庆、甘肃、陕西、湖北边境山地的总称，狭义的大巴山，在汉江支流任河谷地以东，重庆、陕西、湖北三省市边境。峡：一指巫峡山，即重庆、湖北交界处的三峡；二指峡州，在三峡口，治所在今宜昌。故此处巴山峡川指重庆东部、湖北西部地区。

⑤伐：砍斫（zhuó）、砍削树木及其枝条为伐。掇（duó）：拾取。

⑥瓜芦：又名皋芦，分布于中国南方的一种叶似茶叶而味苦的树木。晋代就有南方人用皋芦煎煮饮用。宋唐慎微《证类本草》："瓜芦木……一名皋芦，而叶大似茗，味苦涩，南人煮为饮，止渴，明目，除烦，不睡，消痰，和水当茗用之。"明李时珍《本草纲目》云："皋芦，叶状如茗，而大如手掌，挼（ruó）碎泡饮，最苦而色浊，风味比茶不及远矣。"

⑦栀（zhī）子：属茜草科，常绿灌木或小乔木，夏季开白花，有清香，叶对生，长椭圆形，近似茶叶。

⑧白蔷薇：属蔷薇科，落叶灌木，枝茂多刺，高四五尺，夏初开花，花五瓣而大，花冠近似茶花。

⑨栟榈（bīng lú）：即棕榈，属棕榈科。

栀子

核果近球形，淡蓝黑色，有白粉，近似茶籽内实而稍小。

⑩蒂：花或瓜果与枝茎相连的部分。丁香：一属常绿乔木，又名鸡舌香，丁子香。叶子长椭圆形，花淡红色，果实长球形。生在热带地区。花供药用，种子可榨丁香油，做芳香剂。种仁由两片形状似鸡舌的子叶抱合而成。一属落叶灌木或小乔木。叶卵圆形或肾脏形。花紫色或白色，春季开，有香味。花冠长筒状，果实略扁。多生在中国北方。

⑪胡桃：属核桃科，深根植物，与茶树一样主根向土壤深处生长，根深常达二三米以上。

⑫广州：今属广东。三国吴黄武七年（226）分交州置，治广信县（今广西梧州）。不久废。永安七年（264）复置，治番禺（今属广东）。统辖十郡，南朝后辖境渐缩小。隋大业三年（607）改为南海郡。唐武德四年（621）复为广州，后为岭南道治所，天宝元年（742）改为南海郡，乾元元年（758）复为广州，乾宁二年（895）改为清海军。

⑬蒲葵：属棕榈科，常绿乔木，叶大，大部分掌状分裂，可做扇子，裂片长披针形，圆锥花序，生在叶腋间，花小，果实椭圆形，成熟时黑色。生长在热带和亚热带地区。

⑭下孕：植物根系在土壤中往地下深处发育滋生。

⑮兆：《说文》解释为"灼龟坼（chè）也"，本意是龟裂，指古人占卜时烧灼甲骨呈现裂纹，这里作裂开解。瓦砾：破碎的砖头瓦片，引申为硬土层。

⑯上抽：向上萌发生长。

【译文】

茶，是南方地区一种美好的木本植物，树高一尺、二尺以至数十尺。在巴山峡川一带（今重庆东部、湖北西部地区），有树围达两人才能合抱的大茶树，将枝条砍削下来才能采摘茶叶。茶树的树形像瓜芦木，叶子像栀子叶，花像白蔷薇花，种子像棕榈子，蒂像丁香蒂，根像胡桃树根。瓜芦木产于广州一带，叶子和茶相似，味道非常苦涩。栟榈属蒲葵类植物，种子与茶子相似。胡桃树与茶树树根都往地下生长很深，碰到有碎砖烂瓦的硬土层时，苗木开始向上萌发生长。

棕榈　　　　　　　　　丁香　　　　　　　　　胡桃

其字，或从草，或从木，或草木并。从草，当作"茶"，其字出《开元文字音义》①；从木，当作"檟"，其字出《本草》②；草木并，作"茶"，其字出《尔雅》③。

【注释】

①《开元文字音义》：唐玄宗开元二十三年（735）编成的一部字书，共有三十卷，已佚。清代黄奭《汉学堂丛书经解·小学类》辑存一卷，汪黎庆《学术丛编·小学丛残》中亦有收录。此书中已收有"茶"字，说明在陆羽《茶经》写成之前二十五年，"茶"字已经被收录在官修字书当中。

②《本草》：指唐高宗显庆四年（659）李勣、苏敬等人所撰的《新修本草》（今称《唐本草》），已佚。今存宋唐慎微《重修政和经史证类备用本草》引用。敦煌、日本有《新修本草》钞写本残卷，清傅云龙《籑喜庐丛书》之二中收有日本写本残卷，有上海群联出版社1955年影印本；敦煌文献分类录校丛刊《敦煌医药文书辑校》中录有敦煌写本

残卷，有江苏古籍出版社1999年版本。

③《尔雅》：中国最早的字书，共十九篇，为考证词义和古代名物的重要资料。古来相传为周公所撰，或谓孔子门徒解释六艺之作。实际应当是由秦汉间经师学者缀辑周汉诸书旧文，递相增益而成，非出于一时一手。《尔雅》既是中国古代的词典，也是儒家的经典之一，列入十三经之中。"尔"是近的意思，"雅"是正的意思，雅言的意思，是某一时代官方规定的规范语言。"尔雅"就是近正，使语言接近官方规定的语言。

【译文】

茶字，从字形、部首上来说，有属草部的，有属木部的，有并属草、木两部的。属草部的，应当写作"茶"，在《开元文字音义》中有收录；属木部的，应当写作"榎"，此字见于《本草》；并属草、木两部的，写作"荼"，此字见于《尔雅》。

其名，一曰茶，二曰槚①，三曰蔎②，四曰茗③，五曰荈④。周公云⑤："槚，苦荼。"扬执戟云⑥："蜀西南人谓荼曰蔎。"郭弘农云⑦："早取为荼，晚取为茗，或一曰荈耳。"

【注释】

①槚（jiǎ）：本意是楸树，落叶乔木。又用作茶的别名。《尔雅》第十四篇《释木》："槚，苦荼。"

②蔎（shè）：本意为一种香草。又用作茶的别名。

③茗：北宋徐铉注《说文》作为新附字补入，注为"茶芽也"。三国吴陆玑《毛诗草木鸟兽虫鱼疏》卷上："椒树似茱萸……蜀人作茶，吴人作茗，皆合煮其叶以为香。"据此，则茗字作为茶名来自长江中下游，后代成为主要的茶名之一。

④荈（chuǎn）：西汉司马相如《凡将篇》以"荈诧"选用代表茶名。三国时"茶荈"二字连用，《三国志·吴书·韦曜传》："曜素饮酒不过三升，初见礼异时，常为裁减，或密赐茶

文徵明《惠山茶会图》

　　画面描绘了正德十三年 (1518)，清明时节，文徵明同书画好友蔡羽、汤珍、王守、王宠等游览无锡惠山，饮茶赋诗的情景。诸人或围井列坐，或列鼎煮茶，或展卷吟诗，生动地再现了文人雅集的情景。

茶經卷中

唐　竟陵陸羽鴻漸著

明　晉安鄭煾亢滎校

四之器

風爐 灰承

風爐以銅鐵鑄之如古鼎形厚三分緣闊九分令六分虛中致其杇墁凡三足古文書二十一字一足云坎上巽下離于中二足云體均五行去百疾一足云聖唐滅胡明年鑄其三足之間設三窻底一窻以爲通飈漏燼之所上並古文書六字一窻之上書伊公二字一窻之上書羹陸二字一窻上書氏茶二字所謂伊公羹陸氏茶也置墆㙶於其內設三格其一格有翟焉翟者火禽也畫一卦曰離其一格有彪焉彪者風獸也畫一卦曰巽其一格有魚焉魚者水蟲也畫一卦曰坎巽主風離主火坎主水風能興火火能熟水故備其三卦焉其飾以連葩垂蔓曲水方文之類其爐或鍛鐵爲之或運泥爲之其灰承作三足鐵柈擡之

茶經〈卷中〉六

日本翻刻明郑煾本《茶经》书影

荈以当酒。"西晋杜育《荈赋》以后，"荈"字成为历代主要的茶名之一，现代已经很少用。

⑤周公云：指标名为周公所撰的《尔雅》。周公，姓姬名旦，周文王姬昌之子，周武王姬发之弟，武王死后，扶佐其子成王，改定官制，制作礼乐，完备了周朝的典章文物。伐纣灭商之后，曾被封于曲阜，是为鲁公，但未就封。因其采邑在成周，故称为周公。事见《史记·鲁周公世家》。

⑥扬执戟云：指扬雄《方言》。扬执戟，即扬雄（前53—公元18），西汉文学家、哲学家、语言学家。字子云，蜀郡成都（今属四川）人，曾任黄门郎。汉代郎官都要执戟护卫宫

廷，故称扬执戟。著有《法言》、《方言》、《太玄经》等。擅长辞赋，与司马相如齐名。《汉书》卷八七有传。按：《茶经》所引内容不见今本《方言笺疏》。

⑦ 郭弘农云：指郭璞《尔雅注》。郭弘农，即郭璞（276—324），字景纯，河东闻喜（在今山西）人，东晋文学家、训诂学家，道教术数大师，游仙诗的祖师。曾仕东晋元帝，明帝时因直言而为王敦所杀，后赠弘农太守，故称郭弘农。博洽多闻，曾为《尔雅》、《楚辞》、《山海经》、《方言》等书作注。《晋书》卷七二有传。郭璞注《尔雅》"槚，苦茶"云："树小如栀子，冬生叶，可煮作羹饮。今呼早采者为茶，晚取者为茗，一名荈。蜀人名之苦茶。"

宋咸淳刊百川学海本《茶经》书影

【译文】

茶的名称，一是茶，二是槚，三是蔎，四是茗，五是荈。周公说："槚，就是苦茶。"扬雄说："四川西南人称茶为蔎。"郭璞说："早采的称为茶，晚采的称为茗，也有的称为荈。"

其地，上者生烂石①，中者生砾壤②，下者生黄土③。凡艺而不实④，植而罕茂⑤，法如种瓜⑥，三岁可采。野者上，园者次。阳崖阴林⑦，紫者上，绿者次⑧；笋者上，牙者次⑨；叶卷上，叶舒次⑩。阴山坡谷者⑪，不堪采掇⑫，

西湖龙井茶生产基地　丁珊供图

性凝滞⑬，结瘕疾⑭。

【注释】

　　①烂石：碎石。山石经过长期风化以及自然的冲刷作用，山谷石隙间积聚着含有大量腐殖质和矿物质的土壤，土层较厚，排水性能好，土壤肥沃。

　　②砾（lì）壤：指砂质土壤或砂壤，土壤中含有未风化或半风化的碎石、砂粒，排水透气性能较好，含腐殖质不多，肥力中等。

　　③黄土：指黄壤，分布在热带、亚热带潮湿地区的黄色土壤，含有大量铁的氧化物，有黏性和强酸性，缺乏磷分，含腐殖质和茶树需要的矿物元素少，肥力低。中国南方和西南都有这种土壤。

④艺：种植。实：结实，充满。

⑤植而罕茂：用移栽的方法栽种，很少能生长得茂盛。旧时因而称茶为"不迁"。明陈耀文《天中记》："凡种茶必下子，移植则不生。"植，栽种，移栽。

⑥法如种瓜：北魏贾思勰《齐民要术》卷二《种瓜》第十四："凡种法，先以水净淘瓜子，以盐和之。先卧锄，耧却燥土，然后掊坑。大如斗口，纳瓜子四枚、大豆三个，于堆旁向阳中。瓜生数叶，掐去豆，多锄则饶子，不锄则无实。"唐末至五代时人韩鄂《四时纂要》卷二载种茶法："种茶，二月中于树下或北阴之地开坎，圆三尺，深一尺，熟劚著粪和土，每坑种六七十颗子，盖土厚一寸强，任生草，不得耘。相去二尺种一方，旱即以米泔浇。此物畏日，桑下竹阴地种之皆可，二年外方可耘治，以小便、稀粪、蚕沙浇拥之，又不可太多，恐根嫩故也。大概宜山中带坡峻，若于平地，即须于两畔深开沟垄泄水，水浸根必死……熟时收取子，和湿土沙拌，筐笼盛之，穰草盖，不尔即乃冻不生，至二月出种之。"其要点是精细整地，挖坑深、广各尺许，施粪作基肥，播子若干粒。这与当前茶子直播法并无多大区别。

⑦阳崖：向阳的山崖。阴林：茂林，因为树木众多浓荫蔽日，故称阴林。

⑧紫者上，绿者次：原料茶叶以紫色者为上品，绿色者次之。这样的评判标准与现今的不同。陈椽《茶经论稿序》是这样解释的："茶树种在树林阴影的向阳悬崖上，日照多，茶中的化学成分儿茶多酚类物质也多，相对地叶绿素就少；阴崖上生长的茶叶却相反。阳崖上多生紫牙叶，又因光线强，牙收缩紧张如笋；阴崖上生长的牙叶则相反。所以古时茶叶质量多以紫笋为上。"

⑨笋者上，牙者次：笋者，指茶的嫩芽，芽头肥硕长大，状如竹笋，成茶品质好；牙者，指新梢叶片已经开展，或茶树生机衰退，对夹叶多，表现为芽头短促瘦小，成品茶质量低。

⑩叶卷上，叶舒次：新叶初展，叶缘自两侧反卷，到现在仍是识别良种的特征之一。而嫩叶初展时即摊开，一般质量较差。

茶经

顾闳中《韩熙载夜宴图》（局部）

　　品茶听琴是当时贵族们夜生活的重要内容。画中几上茶壶、茶碗和茶点散放宾客面前，主人坐榻上，宾客有坐有站。左边有一妇人弹琴，宾客们一边饮茶一边听曲。

茶园图

⑪阴山坡谷：山间不朝向太阳的斜坡地及深凹的低地。

⑫不堪：不能，不可。采掇：摘取。

⑬凝滞：凝结积聚。

⑭瘕（jiǎ）：腹中结块之病。马莳注《素问·大奇论》："瘕者，假也。块似有形，而隐见不常，故曰瘕。"南宋戴侗《六书故》卷三三："腹中积块也，坚者曰症，有物形曰瘕。"

【译文】

　　茶树生长的土壤，上等茶生在山石间积聚的土壤上，中等茶生在砂壤土中，下等茶生在黄泥土中。大凡种茶时，如果用种子播植却不踩踏结实，或是用移栽的方法栽种，很少能生长得茂盛。应该用种瓜法种茶，一般种植三年后，就可以采摘。野生茶叶的品质好，园圃里人工种植的较次。向阳山坡有林木遮荫的茶树：茶叶紫色的好，绿色的差；芽叶肥壮如笋的好，新芽展开如牙板的差；芽叶边缘反卷的好，叶缘完全平展的差。生长在背阴的山坡或谷地的茶树，不可以采摘。因为它的性质凝滞，喝了会使人生腹中结块的病。

　　茶之为用，味至寒①，为饮，最宜精行俭德之人②。若热渴、凝闷，脑疼、目涩、四支烦、百节不舒③，聊四五啜④，与醍醐、甘露抗衡也⑤。

【注释】

①茶之为用，味至寒：中医认为药物有五性，即寒、凉、温、热、平；有五味，即酸、苦、甘、辛、咸。古代各医家都认为茶是寒性，但寒的程度则说法不一，有认为寒、微寒的。陆羽认为茶作为饮用之物，其味为"至寒"。

②精行俭德之人：修身养性、清净无为、生活简朴、为人谦逊的人。

③支：同"肢"。烦：困乏，疲劳。

④聊：略微。啜（chuò）：饮。

⑤醍醐（tí hú）：经过多次制炼的奶酪，味极甘美。佛教典籍以醍醐譬喻佛性，《涅槃经》十四《圣行品》："譬如从牛出乳，从乳出酪，从酪出生酥，从生酥出熟酥，从熟酥出醍醐，醍醐最上……佛亦如是。"醍醐亦指美酒。甘露：即露水。《老子》第三十二章："天地相合以降甘露。"所以古人常常用甘露来表示理想中最美好的饮料。北宋李昉《太平御览》卷一二引《瑞应图》载："甘露者，美露也。神灵之精，仁瑞之泽，其凝如脂，其甘如饴，一名膏露，一名天酒。"

文徵明《猗兰室图》（局部）

孔子曾赞曰："芝兰生于深谷，不以无人而不芳；君子修道立德，不为困穷而改节。"历代文人士大夫常以兰花来象征高洁文雅的气质、清芬绝俗的品格。"猗兰室"主人以此命名自己的书斋，也正是此意。错杂分布的兰花点出了"猗兰室"的主题，室内主人对友操琴，侧室仆童煮茗，知音静赏，恬静幽美。

【译文】

　　茶的功用，性味寒凉，作为饮料，最适宜品行端正有俭约谦逊美德的人。人们如果发热口渴、胸闷、头疼、眼涩、四肢疲劳、关节不畅，只要喝上四五口茶，其效果与最好的饮品醍醐、甘露相当。

　　采不时，造不精，杂以卉莽，饮之成疾。茶为累也①，亦犹人参。上者生上党②，中者生百济、新罗③，下者生高丽④。有生泽州、易州、幽州、檀州者⑤，为药无效，况非此者？设服荠苨⑥，使六疾不瘳⑦，知人参为累，则茶累尽矣。

荠苨

【注释】

　　①累：过失，妨害。

　　②上党：今山西南部地区，战国时为韩地，秦设上党郡，因其地势甚高，与天为党，因名上党。唐代改河东道潞州为上党郡，在今山西长治一带。

　　③百济：朝鲜古国，在今朝鲜半岛西南部汉江流域一带，1世纪兴起，7世纪中叶统一于新罗。新罗：朝鲜半岛东部之古国，在今朝鲜半岛南部，公元前57年建国，后为王氏高丽取代，与中国唐朝有密切关系。

　　④高丽：即古高句丽国，后为卫氏高丽所并，在今朝鲜北部。

　　⑤泽州：唐时属河东道高平郡，即今山西晋城。易州：属唐时河北道上谷郡，在今河北易县一

带。幽州：唐属河北道范阳郡，即今北京及周围一带地区。檀州：唐属河北道密云郡，在今北京密云一带。

⑥荠苨(jì nǐ)：药草名。又名地参。草本植物，属桔梗科，根味甜，可入药，根茎与人参相似。南朝梁刘勰《刘子新论》卷四《心隐第二十二》云："愚与直相像，若荠苨之乱人参，蛇床之似藤芜也。"明李时珍《本草纲目·草一·荠苨》引陶弘景曰："荠苨根茎都似人参，而叶小异，根味甜绝，能杀毒，以其与毒药共处，毒皆自然歇，不正入方家用也。"

⑦六疾：六种疾病，即寒疾、热疾、末（四肢）疾、腹疾、惑疾、心疾。《左传·昭公元年》："天有六气，降生五味……淫生六疾。六气曰阴、阳、风、雨、晦、明也。分为四时，序为五节，过则为灾。阴淫寒疾，阳淫热疾，风淫末疾，雨淫腹疾，晦淫惑疾，明淫心疾。"后以"六疾"泛指各种疾病。瘳(chōu)：病愈。

【译文】

如果茶叶采摘不合时节，制造不够精细，夹杂着野草败叶，喝了就会生病。茶可能对人造成的妨害，如同人参。上等的人参出产在上党，中等的出产在百济、新罗，下等的出产在高丽。泽州、易州、幽州、檀州出产的人参，作药用没有疗效，更何况那些比它们还不如的人参呢！倘若误把荠苨当人参服用，将会使各种疾

刚出锅的龙井茶　丁珊供图

病不得痊愈。明白了人参对人的妨害，茶对人的妨害，也就可明白了。

【点评】

本章以"茶之本源"为题，全面概述了茶的多方面内容，包括：茶的产地起源和特性，大茶树，茶树的植物学性状，茶的名称、用字，茶树生长栽培的环境条件、栽培方法、鲜叶品质的高下及鉴别方法，茶的效用，以及采、造茶不得法就会对人造成妨害等。

首句"南方之嘉木"极其言简意赅，形象生动地概述了茶树的产地之源，以及茶树的秉性美好。茶之嘉，体现在两个方面，一是饮茶益人，二是在很长的历史时间里，茶都是高附加值的经济作物。

自战国末期楚国屈原（约前340—约前278）《楚辞》第八篇《橘颂》"后皇嘉树"起，中国古代文人即有以"嘉"称颂某类植物，或以某类植物的品质乃至美人以比况君子之性的传统，即"香草美人"的传统。陆羽《茶经》沿袭了这一传统，称茶为生长于南方的嘉木，与本章下文中的"精行俭德"相呼应，使植物之茶，标著了品德之性，吸引着读者跟随作者继续往下探究茶之知识。而陆羽称茶为嘉木亦为后人所承袭，至北宋文豪苏轼，更是将茶叶视为嘉叶，为其撰写了拟人化的传记作品《叶嘉传》，盛赞茶叶清白可爱风劲颖挺的君子资质，明代徐岩泉还称茶为居士并为其作传。

茶树原产于中国西南地区，《茶经》关于高数十尺的野生大茶树的描述与记载，在当时或许只是趣闻，只是陆羽如实记录其实地考察所获茶知识的一个小小的部分。而在中国大量的野生大茶树尚未被实地发现之前，《茶经》记载的野生大茶树就成为中国野生茶树的历史文献证据。这也可谓是《茶经》对于中国茶业的历史贡献之一。

关于茶树"植而罕茂"的论述，是首次论及茶的不宜移植之性，古时囿于知识技术，茶树移植之后很难成活，故而只能以种籽直播，所以此后人们将此局限称为茶的"不移"或"不迁"之性，甚至将这一植物种植现象比附到社会生活中，将茶引入婚姻之礼，用其"不迁"之性，来单向且严苛地要求婚姻中的女性。此后，甚至形成"三茶六礼"的婚姻习俗。

陆羽在本章首次将茶性与君子精行俭德之性相提并论，提升了茶的文化内涵。

关于"茶之为用，味至寒，为饮，最宜精行俭德之人"一段文字，历来有两种标点方法，一种如本书的标点（另有将"为饮最宜精行俭德之人"不点断的，视为同一类标点法），另一种标点如下："茶之为用，味至寒，为饮最宜。精行俭德之人……"笔者以为，一则，性味寒凉宜饮之物甚多，不独于茶。二则，若只讲茶的功用最宜饮用，则须是与茶的其他功用相比较而言，但显然《茶经》至此并未论及茶在饮用之外的其他功用。所以，以行文逻辑而言，讲茶"为饮

云南邦威千年大茶树

最宜"不妥。有持论者论证后一种标点法，其中一个最重要的论证是，认为若不以其方法标点，则后文"若热渴、凝闷……聊四五啜，与醍醐、甘露抗衡也"的饮茶行为就没有了主语，这个论证值得商榷。因为省略主语的句式，是多种语言中的常见现象，也是汉语的一个特征，表明谓语的行为主体可以是任何人。对于茶的功能作用来说，显然是适用于任何饮用之人的。将"精行俭德之人"点断给下文作主语，作为行为主体，反而是将茶的功用限定在只有"精行俭德之人"饮用才能有作用了，而很显然事实并不是这样的。更何况，陆羽将其所著茶书名为《茶经》，是因为茶可以行之久远，经可以绳之于任何人。正是因为茶饮的功能对任何饮茶之人皆有，因而其至寒之味"最宜精行俭德之人"才值得特别提出。

本章关于茶的用字、茶的名称，对茶字的起源研究有所助益。

本章的一些撰述方法也值得称道：通过与其他植物相关部位类比的方法介绍茶的植物学性状；介绍种茶法时，也用为人所熟知的种瓜法相比；论述茶既益人但若采造不得法也会对人造成妨害时，则用人所熟知的中药名品人参作比。作为世界上第一部茶学著作，可以说作者陆羽是在茶尚不为人所遍知的情况下采用的最佳的介绍方法，对于图书与游学都不甚便利的古人来说，易于明白和掌握。

在大力宣扬茶的同时，陆羽对其中可能存在的问题绝不回避、绝不虚词掩饰，客观地陈述不好的茶可能会对人产生的危害，这在同类著作中是极为罕见的，这让人看到陆羽的科学态度、客观精神，对后人永远都有垂范作用。人们可以看到陆羽是站在人的高度，而非单纯站在茶的物质的立场上谈论茶叶，这对物质横行、利益至上的当下社会，是有启发意义的。

茶经

卷上

二之具

籝^{加追反①}，一曰篮，一曰笼，一曰筥^②，以竹织之，受五升^③，或一斗、二斗、三斗者^④，茶人负以采茶也。籝，《汉书》音盈，所谓"黄金满籝，不如一经"^⑤。颜师古云^⑥："籝，竹器也，受四升耳。"

【注释】

①籝（yíng）：筐、笼一类的盛物竹器，也作"籯"。原注音加追反，误。

②筥（jǔ）：圆形的盛物竹器。《诗经》毛传曰："方曰筐，圆曰筥。"

③升：唐代一升约合今天的0.6升。

④斗：一斗合十升，唐代一斗约合今天6升。

⑤黄金满籝，不如一经：此句出自《汉书》卷七三《韦贤传》："遗子黄金满籝，不如一经。"刘逵为《昭明文选》作注引《韦贤传》时"籝"作"籯"，陆羽《茶经》沿用此"籯"。

⑥颜师古：唐训诂学家，名籀，字师古，以字行，京兆万年（今陕西西安）人。颜师古少传家业，遵循祖训，博览群书，学问通博，擅长于文字训诂、声韵、校勘之学。曾为班固《汉书》等书作注。曾仕唐太宗朝，官至中书侍郎。《旧唐书》卷七三、《新唐书》卷一九八有传。

【译文】

籝加追反，又叫篮，又叫笼，又叫筥，用竹编织，容积五升，或一斗、二斗、三斗，是茶人背着采茶用的。籝，《汉书》音盈，有"黄金满籯，不如一经"的说法。颜师古注："籝，是一种竹器，容量四升。"

灶，无用突者^①。釜^②，用唇口者^③。

王树谷《煮茶图》

【注释】

①突：烟囱。陆羽提出茶灶不要有烟囱，是为了使火力集中锅底，这样可以充分利用锅灶内的热能。唐陆龟蒙《茶灶》诗曰："无突抱轻岚，有烟映初旭。"描绘了当时茶灶不用烟囱的情形。

②釜（fǔ）：古炊器。敛口，圜底，或有二耳。其用如鬲，置于灶口，上置甑以蒸煮。盛行于汉代。有铁制的，也有铜制和陶制的。相当于现在的锅。

③唇口：敞口，锅口边沿向外反出。

【译文】

灶，不要用有烟囱的（这样可以使火力集中于锅底）。釜，要用锅口向外翻出有唇边的。

甑①，或木或瓦，匪腰而泥②，篮以箅之③，篾以系之④。始其蒸也，入乎箅；既其熟也，出乎箅。釜涸，注于甑中。甑，不带而泥之⑤。又以榖木枝三桠者制之⑥，散所蒸牙笋并叶，畏流其膏⑦。

【注释】

①甑（zèng）：古代用于蒸食物的炊器，类似于现代的蒸锅。

②匪腰而泥：甑不要用腰部突出的，而将甑与釜连接的部位用泥封住。这样可以最大限度地利用锅釜中的热力效能。下文"甑，不带而泥之"实是注这一句的。

③篮以箄（bǐ）之：用篮状竹编物放在甑中作隔水器。箄，小笼，覆盖甑底的竹席。扬雄《方言》卷十三："箄，籯也（古筥字）……籯小者……自关而西秦晋之间谓之箄。"郭璞注云："今江南亦名笼为箄。"

④篾以系之：用篾条系着篮状竹编物隔水器箄，以方便其进出甑。

⑤带：系束，捆缚。泥之：用稀泥或如稀泥一样的东西涂抹或封固。

⑥以榖（gǔ）木枝三桠者制之：用有三条枝桠的榖木制成叉状器物。榖木，落叶乔木。初夏开淡绿色小花，雌雄异株。果实圆球形，成熟时鲜红色。皮可制桑皮纸。又称构或楮。在中国分布很广，它的树皮韧性大，可用来制作绳索，故下文有"纫榖皮为之"语，其木质韧性也大，且无异味。

⑦膏：膏汁，指茶叶中的精华。

【译文】

甑，木制或陶制。腰部不要突出，用泥封抹。甑内放竹篮作隔水器，并用竹篾系着，以方便将竹篮放入及提出甑内。开始蒸的时候，将茶叶放到竹篮内；等到蒸熟了，将茶叶从竹篮中倒出。锅里的水快煮干时，从甑中加水进去。甑，腰部不要用绑绕而用泥封抹。还要用三杈的榖木制成叉状器，抖散蒸后的嫩芽叶，以免茶汁流失。

杵臼①，一曰碓②，惟恒用者佳。

杵臼

【注释】

①杵臼：杵与臼。舂捣粮食或药物等的工具。

②碓（duì）：舂米的工具。最早是一臼一杵，用手执杵舂米。后用柱架起一根木杠，杠端系石头，用脚踏另一端，连续起落，脱去下面臼中谷粒的皮。尔后又有利用畜力、水力等代替人力的，使用范围亦扩大，如舂捣纸浆等。

【译文】

杵臼，又名碓，以经常使用的为好。

规，一曰模，一曰棬①，以铁制之，或圆，或方，或花。

【注释】

①棬（quān）：像升或盂一样的器物，曲木制成。

【译文】

规，又叫模，又叫棬，用铁制成，有圆形，有方形，有花形。

承，一曰台，一曰砧①，以石为之。不然，以槐桑木半埋地中，遣无所摇动。

【注释】

①砧（zhēn）：垫座。

【译文】

承，又叫台，又叫砧，用石制成。不然，用槐树、桑树半截埋在土中，使它不能摇动。

檐①，一曰衣，以油绢或雨衫、单服败者为之②。以檐置承上，又以规置檐上，以造茶也。茶成，举而易之。

【注释】

①檐（yán）："簷"的本字。凡物下覆，四旁冒出的边沿都叫檐。这里指铺在砧上的布，用以隔离砧与茶饼，使制成的茶饼易于拿起。

②油绢：涂过桐油或其他干性油的绢布，有防水性能。雨衫：防雨的衣衫。单服：单薄的衣服。

【译文】

檐，又叫衣，可用油绢或穿坏了的雨衣、单衣来做。把"檐"放在"承"上，再把茶模放在"檐"上，就可以压制茶饼了。压制成饼后，可以很方便地拿起来，再做另外一个。

宣化辽墓壁画《童嬉图》

右边有四个人物，地上有茶碾一只，旁边有一黑皮朱里圆形漆盘，盘内置曲柄锯子、毛刷和绿色茶饼。盘的上方置茶炉，炉上坐一执壶。画中间桌上放些茶碗、贮茶瓶等物，画左侧有四童躲在柜后嬉乐探望。壁画反映了辽代的烹茶用具和方法。

　　芘莉音杷离①，一曰籯子②，一曰筹筤③。以二小竹，长三尺，躯二尺五寸，柄五寸。以篾织方眼，如圃人土罗，阔二尺以列茶也。

【注释】

①芘莉（bì lì）：芘、莉为两种草名，此处指一种用草编织成的列茶工具，《茶经》中注其音为杷离，与今音不同。

②籯（yíng）子：筐、笼一类的盛物竹器。

③筹筤（páng láng）：筹、筤为两种竹名，此处义同芘莉，指一种用竹编成笼、盘、箕一类的列茶工具。扬雄《方言》卷十三："笼，南楚江沔之间谓之筹。"

【译文】

芘莉音杷离，又名籯子，又名筹筤。用两根三尺长的小竹竿，制成身长二尺五寸，手柄长五寸，宽二尺的工具，用竹篾织成方眼状的竹匾，就像种菜人用的土罗，用来放置刚制成的茶饼。

棨①，一曰锥刀。柄以坚木为之，用穿茶也。

传统的木炭"焙火"

【注释】

①棨（qǐ）：古时刻木以为信符称为棨，另指仪仗中用黑缯装饰的戟。此处指用来在茶饼上钻孔的锥刀。

【译文】

棨，又叫锥刀，用坚实的木料做柄，用来给茶饼穿孔。

扑①，一曰鞭。以竹为之，穿茶以解茶也②。

【注释】

①扑：穿茶饼的绳索、竹条。

②解（jiè）：搬运，运送。

【译文】

扑，又叫鞭，用竹条做成，用来把茶饼穿成串，以便搬运。

焙①，凿地深二尺，阔二尺五寸，长一丈。上作短墙，高二尺，泥之。

【注释】

①焙（bèi）：微火烘烤，这里指烘焙茶饼用的焙炉，又泛指烘焙用的装置或场所。

【译文】

焙，地上挖坑深二尺，宽二尺五寸，长一丈。上砌矮墙，高二尺，用泥涂抹。

贯①，削竹为之，长二尺五寸，以贯茶焙之。

【注释】

①贯：贯串茶饼用以焙茶的长竹条。

【译文】

贯，用竹子削成，长二尺五寸，用来焙茶时贯串茶饼。

棚，一曰栈。以木构于焙上，编木两层，高一尺，以焙茶也。茶之半干，升下棚；全干，升上棚。

【译文】

棚，又叫栈。用木做成架子，放在焙上，分为两层，层高一尺，用来烘焙茶饼。茶饼半干时，放到下层；全干时，升到上层。

文徵明《浒溪草堂图》（局部）

　　画中茅屋正室，内置矮桌，浒溪草堂主人沈天民与客人隔桌对坐，桌上有清茶一壶二杯。侧室有泥炉砂壶，童子专心候火煮水。

　　穿_{音钏}①，江东、淮南剖竹为之②。巴川峡山纫榖皮为之③。江东以一斤为上穿，半斤为中穿，四两五两为小穿。峡中以一百二十斤为上穿④，八十斤为中穿，五十斤为小穿。穿字旧作钗钏之"钏"字，或作贯串。今则不然，如磨、扇、弹、钻、缝五字，文以平声书之，义以去声呼之，其字以穿名之。

【注释】

　　①穿（chuàn）：贯串制好茶饼的索状工具。

　　②江东：唐开元十五道之一江南东道的简称。淮南：唐淮南道，贞观十道、开元十五道之一。

　　③巴川峡山：指渝东、鄂西地区，今湖北宜昌至重庆奉节的三峡两岸。唐人称三峡以下的长江为巴川，又称蜀江。

　　④峡中：指重庆、湖北境内的三峡地带。

【译文】

穿音钏，江东、淮南剖分竹子制作。巴川、峡山地区用榖树皮制作。江东把一串一斤的茶称为上穿，半斤的称为中穿，四两、五两的（十六两制）称为小穿。峡中地区则称一百二十斤为上穿，八十斤为中穿，五十斤为小穿。"穿"字，原先作钗钏的"钏"字，或作贯串。现在则不同，像磨、扇、弹、钻、缝五字一样，写在文章中是平声（作动词），表示名词的意思则要读去声，字意也按读去声的来讲，字形就写"穿"。

育，以木制之，以竹编之，以纸糊之。中有隔，上有覆，下有床，傍有门，掩一扇。中置一器，贮煻煨火①，令煴煴然②。江南梅雨时③，焚之以火。育者，以其藏养为名。

【注释】

①煻煨（táng wěi）：热灰，可以煨物。

②煴煴（yūn）：火势微弱没有火焰的样子。

③江南梅雨时：农历四、五月梅子黄熟时，江南正是阴雨连绵、非常潮湿的季节，为梅雨时节。江南，长江以南地区。一般指今江苏、安徽两省的南部和浙江一带。

【译文】

育，用木制作，用竹篾编织，再用纸裱糊。中间有槅档，上有盖，下有底盘，旁边有门，掩着一扇门。中间放一器皿，里面盛着热灰火，这样的火火势微弱没有火焰。江南梅雨季节时，烧火除湿。育，因为对茶有保藏养益作用而定名。

【点评】

本章详细介绍了采摘、制造、贮藏蒸青饼茶的一系列十多种器具，从形状、质地、尺寸到用法、功能，一一详细列举。从系列用具中可以看到，唐代饼茶的生产工序紧凑而完整。

从簑、芘莉、焙等用具的尺寸来看，唐代饼茶生产是有一定规模的，从中也可见唐代社会对茶叶的需求量较大。

虽然在《论语》中就有"工欲善其事，必先利其器"的成语，但是自汉武帝采纳董仲舒的建议"罢黜百家，独尊儒术"之后，中国古代士大夫以诗书传家，帝王官府以经义取士，先秦儒家倡导的六艺——诗、书、礼、易、乐、射，除诗、书外几乎被士人摒弃殆尽。士人们在日渐不能坐而论道的同时，也慢慢丧失了他们在科技、生产等方面的智力与能力。甚至在士人的评价体系中，技能与机巧都成为了负面的能力与事物。在这样的社会文化背景下，陆羽对于采摘、制造、保藏茶叶工具的全面介绍，更显得难能可贵。

陆羽
味水情何淡居尘
音不同
十竹斋

十竹斋书画谱·陆羽像

整套制茶工具的细致介绍，使得唐代蒸青饼茶的生产工艺能够在一千多年之后仍然清晰地展现在人们的眼前，使之不致因中国制茶工艺的发展演变舍之不用而尘封零落，也让人们看到当今独步天下的日本蒸青抹茶的源头所在。

在"茶人负以采茶"句中，陆羽首次提出了"茶人"的概念，负簑采茶的人也是茶人，与当下的茶人概念有所不同。陆羽之于茶，是从采摘、制造、煎煮到饮用全过程参与的，他所言茶人应该是指参与茶叶采制到饮用流程的人。然而由于时移境迁，社会分工的日益细致成熟，种茶摘茶的人成为茶农茶工，基本成为原料鲜叶或毛茶的单纯提供者，而不再是制

茶农翻炒龙井茶　丁珊供图

作——贸易——消费这些被视作茶业重要环节从业的茶人了。茶叶在农、工、商三个领域利润的巨大差距，导致了在这三大产业领域茶叶从业人员地位的悬殊，种茶摘茶的人始终只能被称为"茶农"，参照陆羽的"茶人"概念，可知这种现象是种遗憾。缺少了种茶摘茶人的茶人概念可谓不完整，种茶摘茶人的地位畸轻，也正是茶业拼图不能很完整完美的重要原因之一。当代茶圣吴觉农在晚年曾经这样描述过茶人风格："我从事茶叶工作一辈子，许多茶叶工作者、我的同事和我的学生同我共同奋斗，他们不求功名利禄、升官发财，不慕高堂华屋、锦衣美食，不沉溺于声色犬马、灯红酒绿，大多一生勤勤恳恳、埋头苦干、清廉自守、无私奉献，具有君子的操守，这就是茶人风格。"然而，即使是不包括茶农在内的茶人，在茶业各环节中的所作所为，仍然存在着种种不尽如人意的现象，比如制假售假、以次充好、虚假宣传、恶意炒作等等，距离吴觉农先生所推许的茶人风格相去甚远，有些甚至是背道而驰。而陆羽所提的茶人概念，应该是个更为高远的警醒。

茶经

卷 上

三 之 造

凡采茶在二月、三月、四月之间①。

【注释】

①凡采茶在二月、三月、四月之间：唐历与现今的农历基本相同，其二、三、四月相当于现在公历的三月中下旬至五月中下旬，也是现今中国大部分产茶区采摘春茶的时期。

【译文】

茶叶采摘，一般都在农历二月、三月、四月之间。

茶之笋者，生烂石沃土，长四五寸，若薇蕨始抽①，凌露采焉②。茶之牙者，发于丛薄之上③，有三枝、四枝、五枝者，选其中枝颖拔者采焉④。其日有雨不采，晴有云不采。晴，采之，蒸之，捣之，拍之，焙之，穿之，封之，茶之干矣⑤。

【注释】

①薇蕨：薇，薇科。蕨，蕨类植物，根状茎很长，蔓生土中，多回羽状复叶，此处用来比喻新抽芽的茶叶。

②凌露采焉：趁着露水还挂在茶叶上没干时就采茶。

③丛薄：丛生的草木。

④颖拔：挺拔。

⑤茶之干矣：茶就做成了。

【译文】

肥壮如春笋紧裹的芽叶，生长在有风化碎石的肥沃土壤里，长四五寸，当它们刚刚抽芽像薇、蕨嫩叶一样时，带着露水采摘。次一等的茶叶生长在丛生的茶树枝条上，有同时抽生三枝、四枝、五枝的，选择其中长得挺拔的采摘。当天有雨不采茶，晴天有云也不采。在天晴无云时,采摘茶叶,放入甑中蒸熟,后用杵臼捣烂,再放到椎模中拍压成饼,接着焙干,最后穿成串,包装好,茶叶就制造完成了。

　　茶有千万状,卤莽而言①,如胡人靴者②,蹙缩然 京锥文也③;犎牛臆者④,廉襜然⑤;浮云出山者,轮囷然⑥;轻飙拂水者⑦,涵澹然⑧。有如陶家之子,罗膏土以水澄泚之 谓澄泥也⑨。又如新治地者,遇暴雨流潦之所经。此皆茶之精腴。有如竹箨者⑩,枝干坚实,艰于蒸捣,故其形籭簁然 上离下师⑪。有如霜荷者,茎叶凋沮⑫,易其状貌,故厥状委悴然⑬。此皆茶之瘠老者也。

【注释】

　　①卤莽而言:粗疏地说,大致而言。卤,通"鲁"。

　　②胡人靴:胡,中国古代北部和西部非汉民族的通称,他们通常穿着长筒的靴子。

　　③蹙(cù):皱缩。京锥文也:不能确解。吴觉农《茶经述评》解释为箭矢上所刻的纹理,周靖民解为大钻子刻划的线纹,日本布目潮沨沿大典禅师的解说,认为是一种当时著名的纹样。文,纹理。

　　④犎(fēng)牛:一种野牛,其颈后肩胛上肉块隆起。亦名封牛、峰牛。一说即单峰驼。臆(yì):胸部。

　　⑤廉襜(chān)然:像帷幕一样有起伏。廉,边侧。襜,围裙,车帷。

　　⑥轮囷(qūn):曲折回旋状。囷,回旋、围绕。

　　⑦轻飙(biāo):轻风。

　　⑧涵澹(dàn):水因微风而摇荡的样子。澹,水波起伏。引申为飘动,摇动。

　　⑨澄(dèng):沉淀,使液体中的杂质沉淀分离。泚(cǐ):清澈,鲜明。澄泥:陶工淘洗陶土。

⑩箨（tuò）：竹笋皮。包在新竹外面的皮叶，竹长成逐渐脱落。俗称笋壳。

⑪籭（shāi）：同"筛"，竹筛，可以去粗取细。筵（shāi）：竹筛子。按原注音籭筵音离师与今音不同。

⑫凋沮：凋谢，枯萎，败坏。

⑬委悴：枯萎，憔悴，枯槁。

【译文】

茶饼外观千姿百态，粗略地说，有的像胡人的靴子，皮面皱缩像京锥的纹样；有的像犎牛的胸部，有起伏的褶皱；有的像浮云出山，曲折盘旋；有的像轻风拂水，微波涟漪；有的像陶匠箩筛陶土，再用水淘洗出的泥膏那么细腻陶工淘洗陶土称为澄泥；有的又像新平整的土地，被暴雨急流冲刷过后的平滑。这些都是精美上等的茶。有的茶叶老得像笋壳，枝梗坚硬，很难蒸捣，以之制成的茶饼像籭筵音离师——箩筛一样坑坑洼洼；有的茶叶像经历秋霜的荷叶，茎叶凋零萎败，已经变形，以之制成的茶饼外貌枯槁。这些都是粗老不好的茶。

虚谷《瓶菊图》

自采至于封七经目，自胡靴至于霜荷八等。或以光黑平正言嘉者，斯鉴之下也；以皱黄坳垤言佳者^①，鉴之次也；若皆言嘉及皆言不嘉者，鉴之上也。何者？出膏者光，含膏者皱；宿制者则黑，日成者则黄；蒸压则平正，纵之则坳垤^②。此茶与草木叶一也。茶之否臧^③，存于口诀。

【注释】

①坳垤(āo dié)：指茶饼表面凹凸不平整。坳，土地低凹。垤，小土堆。

②纵之：放任草率，不认真制作。

③否臧(pǐ zāng)：优劣。否，恶。臧，善，好。

【译文】

从采摘到封装，经过七道工序，从类似靴子的皱缩状到类似经霜荷叶的萎败状，共八个等级。有人把黑亮、平整作为好茶的标志，这是下等的鉴别方法。从皱缩、黄色、凹凸等方面特征来鉴别好茶，这是次等的鉴别方法。若能从总体指出茶的佳处，又能从总体道出不好处，才是最好的鉴别方法。为什么呢？因为压出了茶汁的就光亮，含有茶汁的就皱缩；隔夜制成的色黑，当天制成的色黄；蒸后压得紧的就平整，任其自然不紧压的就凹凸不平。这是茶和草木叶共同的情况。茶叶品质好坏的鉴别，存有口诀。

【点评】

本章概述了采制茶叶的节气时令要求，制茶的工序，以及成品茶的外形特征与鉴别方法。

陆羽首先明确采茶的时间是在二、三、四月之间，时当仲春、季春与孟夏，采制之茶主要是春茶。在陆羽之前，晋郭璞虽有“早取为茶，晚取为茗”即春茶秋茶皆有的记载，不过从晋杜育《荈赋》所言“月惟初秋，农功少休”来看，似乎还更重视秋茶一些，因为秋天农事——主要是粮食生产已经完成，此时采茶，不会妨碍农事，可见茶叶完全是农业的附属。《茶经》

讲求采制春茶，完全是从茶叶本身特性出发的，因为春茶正如唐代杨晔《膳夫经手录》所言蒙顶茶："春时，所在吃之皆好"，这可谓是茶叶至陆羽时代的发展要求与体现，对此后茶叶的日益发展与繁荣有着决定性的影响。

陆羽在本章对采制茶叶的第一步——采茶提出了很高的要求，一是要带露采茶，二是采茶当日的天气须得是晴天无云。

晴天无云采茶的要求，从手工制茶的条件来讲，这是非常实用的经验之谈，适当的温度以及湿度对于手工制造好茶而言，是最基本的环境条件，辅之以当天完成的蒸、造、烘焙等工序，才能制出好茶。虽然晴天采茶的要求已经被实践证明比较合理，不过随着人们对茶叶研究的加深，以及生产茶叶条件的改善，加之新茶及时下树的要求，现在阴雨天也可以采茶了。

崔子忠《杏园夜宴图》（局部）

《茶经》"凌露采焉"即带露采茶的要求，曾经在宋代北苑官焙茶园的生产中达到无以复加的极致地步，为了保证鲜叶带露，必须在日出之前就完成采茶。为此，监造官在凌晨击鼓开采，在日出之前鸣钲收工："采茶不许见日出。"但是这样就使得能够采茶的时间极短，为了达到一定的采茶量，就要求有大量的采茶工，这只有不计成本的官焙茶园才能做到。而带露采茶实质上也只是保证了鲜叶的滋润，在此后对露水对于茶叶作用的认识趋于理性、茶叶生产规模日渐增大的情况下，这项要求逐渐不再为人讲求。但是陆羽对于鲜叶品质的讲求却一直是有指导意义的，只不过现在这项要求转向了芽叶嫩度等方面。

关于生产流程，陆羽总共只用了十四个字就交待了唐代蒸青饼茶的全部生产流程工序："采之，蒸之，捣之，拍之，焙之，穿之，封之"，与上一章《二之具》中相应的生产用具相互印证，简洁而清晰。

本章的绝大部分篇幅，都在阐述茶饼的品质与鉴别，表明成品茶的品质鉴定在唐代就是一个重要问题，表明陆羽对于这一问题的重视以及这一问题的难度之大。作为须加工而成的植物产品，加工品质与成品茶饼品质成等比对应，采制合时得宜者，大抵能制成"精腴"的好茶，反之只能制成"瘠老"的差茶。陆羽介绍了几种加工方式与茶饼表面特征的对应关联，唐代饼茶因为紧压成形，所以鉴别主要是从茶饼的外观色泽纹理着手。并称"茶之否臧，存于口诀"而不再作更多详细介绍。这表明中唐时已经有口诀言传鉴别饼茶的方法经验，可见鉴茶在当时已经是茶叶普泛而重要的问题。

《三之造》对成品饼茶的质量鉴别，与《一之源》中"采不时，造不精"的内容遥相呼应，但对于"杂以卉莽"掺杂甚至制假的茶饼鉴别尚未言及。当然，饼茶由于压制成饼，只能从表面以经验判别其品质，内中的夹杂是无法直观的，只有打开茶饼并煎煮品尝才能做到，现今普洱茶饼的鉴别问题依然如此。

不过，无论如何，陆羽《茶经》首次创立了成品茶的鉴别课题，此后，不论茶叶的制作工艺、外观形态如何发展，茶叶品质的鉴定始终是业界评审和消费者都要关心的重大问题。

虚谷《江天琴话图》（局部）

茶経

四之器 卷中

风炉灰承	筥	炭梜	火筴	鍑
交床	夹	纸囊	碾拂末	罗合
则	水方	漉水囊	瓢	竹筴
鹾簋揭	熟盂	碗	畚纸帊	札
涤方	滓方	巾	具列	都篮①

【注释】

①以上是茶器的目录，小注文是该茶器的附属器物。按：此处底本所列茶器共二十一种（加上附属器二种共有二十三种），与以下正文所列二十五种（加上附属器四种共有二十九种），皆与《九之略》中"但城邑之中，王公之门，二十四器阙一，则茶废矣……"之数目"二十四"不符。文中有"以则置合中"，或许是陆羽自己将罗合与则计为一器，则是正文为二十四器了。

【译文】

风炉灰承	筥	炭梜	火筴	鍑
交床	夹	纸囊	碾拂末	罗合
则	水方	漉水囊	瓢	竹筴
鹾簋揭	熟盂	碗	畚纸帊	札
涤方	滓方	巾	具列	都篮

风炉灰承

风炉以铜铁铸之，如古鼎形，厚三分，缘阔九分，令六分虚中，致其杇墁①。凡三足，古文书二十一字②。一足云："坎上巽下离于中"③；一足云："体均五行去百疾"④；一足云："圣唐灭胡明年铸。"⑤其三足之间，

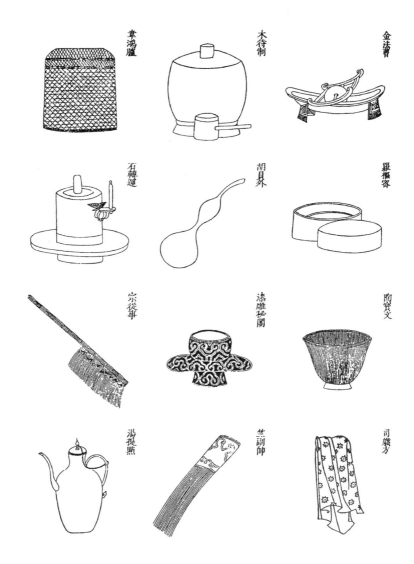

宋代审安老人《茶具图赞》中的茶具

设三窗。底一窗以为通飙漏烬之所⑥。上并古文书六字，一窗之上书"伊公"二字⑦，一窗之上书"羹陆"二字，一窗之上书"氏茶"二字。所谓"伊公羹，陆氏茶"也。置墆㙟于其内⑧，设三格：其一格有翟焉⑨，翟者，火禽也，画一卦曰离；其一格有彪焉⑩，彪者，风兽也，画一卦曰巽；其一格有鱼焉，鱼者，水虫也⑪，画一卦曰坎。巽主风，离主火，坎主水，风能兴火，火能熟水，故备其三卦焉。其饰，以连葩、垂蔓、曲水、方文之类⑫。其炉，或锻铁为之⑬，或运泥为之。其灰承，作三足铁柈台之⑭。

【注释】

①枵墁(wū màn)：涂抹墙壁，此处指涂抹风炉内壁的泥粉。枵，粉刷，涂饰。墁，墙壁上的涂饰。

②古文：上古之文字，如甲骨文、金文、古籀文和篆文等。

③坎上巽(xùn)下离于中：坎、巽、离均为八卦及六十四卦的卦名之一。坎的卦形为"☵"，象水；巽的卦形为"☴"，象风象木；离的卦形为"☲"，象火象电。煮茶时，坎水在上部的锅中，巽风从炉底之下进入助火之燃，离火在炉中燃烧。

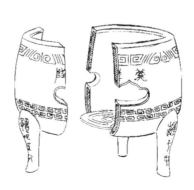

陆羽风炉示意图(徐蓓绘)

④五行：指水、火、木、金、土，我国古代称构成各种物质的五种元素，并以此说明宇宙万物的构成和变化。

⑤圣唐灭胡明年铸：灭胡，一般指唐朝彻底平定了安禄山、史思明等人的八年叛乱的广德元年（763），陆羽的风炉造在此年的明年即764年。据此句可知《茶经》于764年之后曾经修改。

⑥飙（biāo）：指风。

⑦伊公：即伊挚，相传他在公元前17世纪初辅佐汤武王灭夏桀，建立殷商王朝，担任大尹（宰相），所以又称之为伊尹。据说他很会烹调煮羹，"负鼎操俎调五味而立为相"。

⑧埭堨（dì niè）：置于炉膛内靠底部位置的炉算子。埭，底。堨，小山也。

⑨翟（zhái）：长尾的山鸡，又称雉。我国古代认为野鸡属于火禽。

⑩彪：小虎，我国古代认为虎从风，属于风兽。

⑪水虫：我国古代称虫、鱼、鸟、兽、人为五虫，水虫指水族，水产动物。

⑫连葩（pā）、垂蔓（màn）、曲水、方文：连葩，连缀的花朵图案。葩，花。垂蔓，小草藤蔓缀成的图案。曲水，曲折回荡的水波形图案。方文，方块或几何形花纹。

⑬锻铁：打铁锻造。

⑭柈（pán）：同"盘"，盘子。台：有光滑平面、由腿或其他支撑物固定起来的像台的物件。

【译文】

风炉灰承

风炉，用铜或铁铸成，形状像古鼎，壁厚三分，炉口边缘宽九分，向炉腔内空出六分，抹满泥土。炉有三足，上面用上古文字字体写有二十一个字。一足上写"坎上巽下离于中"，一足上写"体均五行去百疾"，一足上写"圣唐灭胡明年铸"。在三足之间开三个窗口。炉底部一个洞口，用来通风漏灰。三个窗口上书写六个古体文字，一个窗口上写"伊公"二字，一个窗口上写"羹陆"二字，一个窗口上写"氏茶"二字，连起来就是"伊公羹，陆氏茶"。炉腔内设置放燃料的炉算子，分为三格：一格上有翟，翟是火禽，刻画一个离卦；一格上有彪，彪是风兽，刻画一巽卦；一格上有鱼，鱼是水虫，刻画一坎卦。"巽"表示风，"离"表示火，"坎"表示水。风能使火烧旺，火能把水煮开，所以要有这三个卦。炉身用花卉、藤草、流水、方形花纹等图案来装饰。风炉也有打铁锻造的，也有揉泥做的。灰承（接灰的台盘），是有三只脚的铁盘，用来承接炉灰。

筥①

筥，以竹织之，高一尺二寸，径阔七寸。或用藤，作木楦如筥形织之②，六出圆眼③。其底盖若利箧口④，铄之⑤。

【注释】

①筥（jǔ）：圆形的盛物竹器。

②楦（xuàn）：制鞋帽所用的模型，这里指筥形的木架子。

③六出：花开六瓣及雪花结晶成六角形都叫六出，这里指用竹条编织出六角形的洞眼。

④利箧（qiè）：竹箱子。"利"当为"𥬔"，一种小竹。箧，长而扁的竹箱笼。

⑤铄（shuò）：美也，销也，磨削平整以美化。

【译文】

筥

筥，用竹子编制，高一尺二寸，直径七寸。或者用藤在

筥

像筥形的木架子编织而成，编织时要编出六角形的洞眼。筥的底和盖就像竹箱子的口部，磨削光滑。

炭挝^①

炭挝，以铁六棱制之，长一尺，锐上丰中^②，执细头系一小镯以饰挝也^③，若今之河陇军人木吾也^④。或作锤，或作斧，随其便也。

法门寺出土鎏金银盐台

【注释】

①炭挝（zhuā）：碎炭用的铁棒。

②锐上丰中：指铁挝上端细小，中间粗大。

③镯（zhǎn）：炭挝上灯盘形的饰物。

④河陇：河指唐陇右道河州，在今甘肃临夏附近。陇指唐关内道陇州，在今陕西宝鸡陇县。木吾（yù）：木棒名。汉代御史、校尉、郡守、都尉、县长之类官员皆用木吾夹车。吾，通"御"，防御。

【译文】

炭挝

炭挝，用六棱形的铁棒制作，长一尺，头部尖，中间粗，在握把细的那头拴上一个小镯作为装饰，好像现在河州陇州地区的军人所使用的木棒。有的也做成锤形，或者做成斧形，各随其便。

火筴

火筴，一名筯[1]，若常
用者，圆直一尺三寸，顶平
截，无葱台勾锁之属[2]，以
铁或熟铜制之。

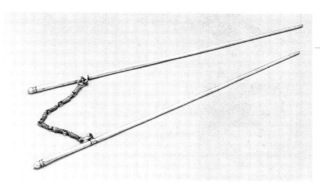

法门寺出土系链银火筯

【注释】

①筯（zhù）：火筷子，火钳。筯，同"箸"，筷子，用来夹物的餐具。
②无葱台勾锁之属：指火筴头无装饰。

【译文】

火筴

火筴，又叫筯，和平常用的一样。形状圆而直，长一尺三寸，顶端平齐，没有葱台勾锁之
类的装饰，用铁或熟铜制作。

镀音辅，或作釜，或作䥶[1]。

镀，以生铁为之。今人有业冶者，所谓急铁[2]。其铁以耕刀之趄[3]，炼
而铸之。内模土而外模沙[4]。土滑于内，易其摩涤；沙涩于外，吸其炎焰。
方其耳，以正令也[5]。广其缘，以务远也[6]。长其脐，以守中也[7]。脐长，则
沸中[8]；沸中，则末易扬；末易扬，则其味淳也。洪州以瓷为之[9]，莱州以

石为之⑩。瓷与石皆雅器也，性非坚实，难可持久。用银为之，至洁，但涉于侈丽。雅则雅矣，洁亦洁矣，若用之恒，而卒归于银也⑪。

【注释】

①䥶（fǔ）：同"釜"，相当于锅。

②急铁：指前文所言的生铁。

③耕刀之趄（qiè）：用坏了不能再使用的犁头。耕刀，犁头。趄，本意倾侧、歪斜，这里引申为残破、缺损。

④内模土而外模沙：制䥶的内模用土制作，外模用沙制作。

⑤以正令也：使之端正。

⑥广其缘，以务远也：䥶顶部的口沿要宽一些，可以将火的热力向全䥶引伸，使烧水沸腾时有足够的空间。

⑦长其脐，以守中也：䥶底脐部要略突出一些，以使火力能够集中。

⑧脐长，则沸中：䥶底脐部略突出，则煮开水时就可以集中在锅中心位置沸腾。

⑨洪州：唐江南道、江南西道属州，即今江西南昌，历来出产褐色名瓷。天宝二年（734），韦坚凿广运潭，献南方诸物产，豫章郡（洪州天宝间改称名）船所载即"名瓷，酒器，茶釜、茶铛、茶椀"等，在长安望春楼下供玄宗及百官观赏。

⑩莱州：汉代东莱郡，隋改莱州，唐沿之，治所在今山东掖县，唐时的辖境相当于今山东掖县、即墨、莱阳、平度、莱西、海阳等地。《新唐书·地理志》载

唐代银䥶

莱州贡石器。

⑪而卒归于银也：最终还是用银制作镀好。

【译文】

镀音辅，或作釜，或作鬴。

镀，用生铁制作。"生铁"是现在炼铁人所说的"急铁"。将用坏了的铁质农具炼铸成铁，以之制造茶锅。铸锅时，内模用土质，外模用沙质。土质内模，使锅内壁光滑，容易擦洗；沙质外模使锅外壁粗糙，容易吸收火焰热量。锅耳做成方形，能让锅放置端正。锅口缘要宽，使火焰能够伸展。锅底中心（脐）要突出些，使火力能够集中在锅底。锅底脐部略突出，水就会在锅中心沸腾；水在中心沸腾，茶末就容易沸扬；茶末易于沸扬，茶汤的滋味就淳美。洪州用瓷做锅，莱州用石做锅。瓷锅和石锅都雅致好看，但不坚固，很难长期使用。用银做锅，非常清洁，但未免涉及奢侈华丽。雅致固然雅致，清洁固然清洁，但从经久耐用的角度来说，终归还是用银制的好。

交床①

交床，以十字交之，剜中令虚②，以支镀也。

【注释】

①交床：即胡床，一种可折叠的轻便坐具，也叫交椅、绳床。

②剜（wān）：刻，挖。

【译文】

交床

交床，用十字交叉的木架，将搁板的中间挖空，用来放置茶锅。

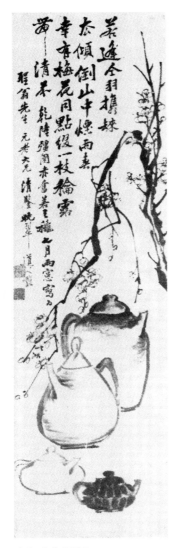

陈馥《梅花茗具图》

夹

　　夹，以小青竹为之，长一尺二寸。令一寸有节，节已上剖之，以炙茶也。彼竹之筱[1]，津润于火，假其香洁以益茶味[2]，恐非林谷间莫之致。或用精铁熟铜之类，取其久也。

【注释】

　　①筱（xiǎo）：小竹。

　　②津润于火，假其香洁以益茶味：小青竹在火上烤炙，表面就会渗出清香纯洁的竹液和香气，有助于茶香。

【译文】

　　夹

　　夹，用小青竹制成，长一尺二寸。选一头一寸处有竹节的，自节以上剖开，用来夹着茶饼烤炙。这样的小青竹在火上烤炙时表面会渗出清香纯洁的竹液和香气，能够增加茶的香味。但若不在山林间炙茶，恐怕难以弄到这种小青竹。也有用精铁或熟铜之类的材料来制作茶夹，取其经久耐用。

纸囊

　　纸囊，以剡藤纸白厚者夹缝之[1]。以贮所炙茶，使不泄其香也。

【注释】

①剡（shàn）藤纸：剡溪所产以藤为原料制作的纸，唐代为贡品。按：剡溪在今浙江嵊州。

【译文】

纸囊

纸囊，以两层又白又厚的剡藤纸缝制而成。用来贮放烤好的茶，使香气不致散失。

碾_{拂末}①

碾，以橘木为之，次以梨、桑、桐、柘为之②。内圆而外方。内圆备于运行也，外方制其倾危也。内容堕而外无余木③。堕，形如车轮，不辐而轴焉④。长九寸，阔一寸七分。堕径三寸八分，中厚一寸，边厚半寸，轴中方而执圆⑤。其拂末以鸟羽制之。

【注释】

①拂末：拂扫归拢茶末的用具。

②柘（zhè）：木名，桑科。落叶灌木或小乔木，叶子卵形或椭圆形，头状花序，果实球形。叶可喂蚕，木质密致坚韧，是贵重的木料，木汁能染赤黄色。

③堕：碾轮，碾磙子。

④辐（fú）：车轮中凑集于中心毂（gǔ）上的直木。轴（zhóu）：贯于毂中持轮旋转的圆柱形长杆。

⑤执：手握处。

【译文】

碾拂末

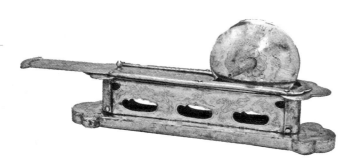

法门寺出土鎏金银色茶碾

茶碾，用橘木制做，其次用梨木、桑木、桐木、柘木制作。碾内圆外方，内圆便于运转，外方能防止倾倒。碾槽内放碾轮，不留空隙。堕是木碾轮，形状像车轮，只是没有车辐，中心直接安轴。轴长九寸，宽一寸七分。碾轮直径三寸八分，中间厚一寸，边缘厚半寸。轴中间是方的，手握处是圆的。拂末，用鸟的羽毛制作。

罗合①

罗末，以合盖贮之，以则置合中。用巨竹剖而屈之，以纱绢衣之②。其合以竹节为之，或屈杉以漆之，高三寸，盖一寸，底二寸，口径四寸。

【注释】

①罗合：竹制茶筛与茶盒。

②衣：以衣布在器物表面蒙覆。

【译文】

罗合

用茶罗筛好茶末，放在盒中盖好存放，把量具"则"放在盒中。茶罗，用大竹剖开弯曲成圆形，罗底蒙上纱绢。盒用竹子有节的

法门寺出土鎏金银茶罗合

部分制作，或用杉木片弯曲成圆形
油漆而成。盒高三寸，盖高一寸，底
盒二寸，直径四寸。

法门寺出土鎏金银茶则

则

则，以海贝、蛎蛤之属①，或以铜、铁、竹匕策之类②。则者，量也，准
也，度也。凡煮水一升，用末方寸匕③。若好薄者，减之，嗜浓者，增之，
故云则也。

【注释】

①海贝：海中有壳软体动物的总称。其壳古代曾用作货币。蛎蛤：软体动物，生活在浅
海泥沙中。壳卵圆形、三角形或长椭圆形，肉可食，味鲜美。

②匕：食器，曲柄浅斗，状如今之羹匙、汤勺。古代也用作量药的器具。策：竹片、
木片。

③方寸匕：一寸正方的匙匕。

【译文】

则

则，用蛎蛤之类的海贝贝壳，或者用铜、铁、竹做的匕、策之类。则是计量的标准、依据。
一般说来，煮一升的水，用一寸正方匙匕量的茶末。如果喜欢淡茶，就减少茶末用量；喜欢浓
茶，就增加茶末用量，所以称之为"则"。

水方

水方，以椆木、槐、楸、梓等合之①，其里并外缝漆之，受一斗。

【注释】

①椆（chóu）木：属山毛榉科，木质坚重，遇寒不凋。楸（qiū）：木名。落叶乔木，叶子三角状卵形或长椭圆形，花冠白色，有紫色斑点，木材质地细密。可供建筑、造船等用。梓：木名。落叶乔木。叶子对生或三枚轮生。花黄白色。木质优良，轻软，耐朽，供建筑及制家具、乐器等用。楸、梓（zǐ），均为紫葳科。

【译文】

水方

水方，用椆、槐、楸、梓等木料制作，里面和外面的缝都加涂油漆，容量一斗。

漉水囊①

漉水囊，若常用者，其格以生铜铸之，以备水湿，无有苔秽腥涩意②，以熟铜苔秽，铁腥涩也。林栖谷隐者，或用之竹木。木与竹非持久涉远之具，故用之生铜。其囊，织青竹以卷之，裁碧缣以缝之③，纽翠钿以缀之④。又作绿油囊以贮之⑤。圆径五寸，柄一寸五分。

【注释】

①漉（lù）：过滤，渗。

②苔秽腥涩：熟铜易氧化，其氧化物呈绿色，像苔藓，显得很脏，实际有毒，对人体有害；铁亦极易氧化，氧化物呈紫红色，闻之有腥气，尝之有涩味，对人体也有害。

③缣（jiān）：双丝织的浅黄色细绢。

④纽翠钿（tián）：纽缀上翠钿以为装饰。翠钿，用翠玉制成的首饰或装饰物。

⑤绿油囊：绿油绢做的袋子。油绢是有防水功能的绢绸。

【译文】

漉水囊

漉水囊，同常用的一样，它的圈架用生铜铸造，生铜被水打湿后不会产生污垢而使水有腥涩味道，因为用熟铜易生铜绿污垢，用铁易生铁锈会使水味腥涩。在林谷间隐居的人，也有用竹或木制作的。但竹木制品都不耐久用，又不便携带远行，所以用生铜制作。滤水的袋子，用青篾丝编织成圆筒形，再裁剪碧绿的丝绢缝制，纽缀上翠钿作装饰。再用防水的绿油绢做一只袋子贮放漉水囊。漉水囊圆径五寸，柄长一寸五分。

陈洪绶《品茶图》

瓢

　　瓢，一曰牺杓①。剖瓠为之②，或刊木为之。晋舍人杜育《荈赋》云③：
"酌之以匏④。"匏，瓢也。口阔，胫薄，柄短。永嘉中⑤，余姚人虞洪入
瀑布山采茗⑥，遇一道士，云："吾，丹丘子⑦，祈子他日瓯牺之余⑧，乞相
遗也⑨。"牺，木杓也。今常用以梨木为之。

【注释】

①牺杓（suō sháo）：瓢的别称。牺，古代一种有雕饰的酒樽。杓，杓子。

②瓠（hú）：蔬类植物，也叫扁浦、葫芦。

③杜育《荈赋》云：杜育（265—316），字方叔，河南襄城人，西晋时人，官至中书舍
人。事迹散见于《晋书》相关人员列传中。《荈赋》，杜育撰，原文已佚，现可从《艺文类
聚》、《太平御览》、《北堂书钞》等书中辑出二十余句，已非全文。

④匏（páo）：葫芦之属。

⑤永嘉：晋怀帝年号，307—312年。

⑥余姚：余姚县，秦置，隋废，唐武德四年（621）复置，为姚州治，武德七年（624）
之后属越州。即今浙江余姚。

⑦丹丘子：指来自丹丘仙乡的仙人。丹丘，神话中的神仙所居之地，昼夜长明。屈原
《远游》："仍羽人于丹丘兮，留不死之旧乡。"

⑧瓯牺（ōu suō）：杯杓。此处指喝茶用的杯杓。瓯，杯、碗之类的饮具。

⑨遗（wèi）：给予；馈赠。

【译文】

瓢

瓢，又叫牺杓。把瓠瓜（葫芦）剖开制成，或是用木头凿刻而成。晋中书舍人杜育《荈

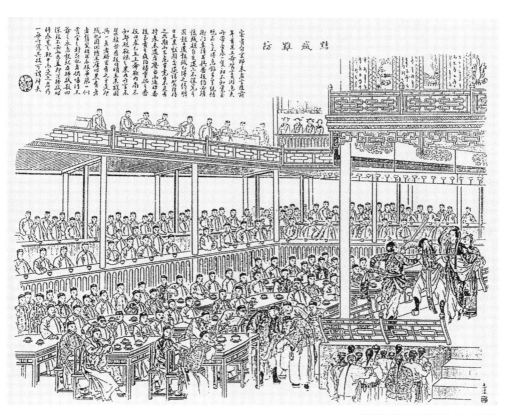

点石斋画报之點贼难防中的戏茶馆

赋》说:"酌之以匏。"匏,就是葫芦瓢,口阔、瓢身薄、柄短。晋永嘉年间,余姚人虞洪到瀑布山采茶,遇见一位道士,对他说:"我是丹丘子,哪天你的杯杓中有多余的茶,希望能送点给我喝。"牺,就是木杓。现在常用的木杓多以梨木制成。

竹筴①

竹筴,或以桃、柳、蒲葵木为之,或以柿心木为之。长一尺,银裹两头。

【注释】

①筴(jiā):箸也,夹取东西的用具。

【译文】

竹筴

竹筴,有用桃木、柳木、蒲葵木做的,也有用柿心木制成。长一尺,用银包裹两头。

鹾簋揭①

鹾簋,以瓷为之。圆径四寸,若合形,或瓶、或罍②,贮盐花也。其揭,竹制,长四寸一分,阔九分。揭,策也③。

【注释】

①鹾(cuó)簋(guǐ):盛盐的容器。鹾,味浓的盐。簋,古代椭圆形盛物用的器具。揭:竹片做的取盐用具。

②罍(léi):酒樽,其上饰以云雷纹,形似大壶。

③策：古代用以记事的竹、木片，编在一起的叫"策"。此处指取盐用的片状工具。

【译文】

鹾簋揭

鹾簋，用瓷制作。圆径四寸，一般是盒形，也有作瓶形、壶形，盛贮盐花用。揭，用竹制成，长四寸一分，宽九分。揭，是取盐用的片状工具。

熟盂

熟盂，以贮熟水，或瓷，或沙，受二升。

【译文】

熟盂

熟盂，用来盛贮开水，或瓷制，或陶制，容量二升。

碗

碗，越州上①，鼎州次②，婺州次③，岳州次④，寿州、洪州次⑤。或者以邢州处越州上⑥，殊为不然。若邢瓷类银，越瓷类玉，邢不如越一也；若邢瓷类雪，则越瓷类冰，邢不如越二也；邢瓷白而茶色丹，越瓷青而茶色绿，邢不如越三也。晋杜育《荈赋》所谓："器择陶拣，出自东瓯。"瓯，越也。瓯，越州上，口唇不卷，底卷而浅，受半升已下。越州瓷、岳瓷皆青，青则益茶。茶作白红之色。邢州瓷白，茶色红；寿州瓷黄，茶色紫；洪州瓷褐，茶色黑；悉不宜茶。

葵口浅底白瓷茶碗

【注释】

①越州：治所在会稽（今浙江绍兴），辖境相当于今浦阳江、曹娥江流域及余姚市地。越州在唐、五代、宋时以产秘色瓷器著名，瓷体透明，是青瓷中的绝品。此处越州即指所在的越州窑，以下各州也均是指位于各州的瓷窑。

②鼎州：唐曾经有二鼎州，一在湖南，辖境相当于今湖南常德、汉寿、沅江、桃源等市县一带；二在今陕西泾阳、醴泉、三原、云阳一带。

③婺州：唐天宝间称为东阳郡，州治今金华，辖境相当于今浙江金华江、武义江流域各县。

④岳州：唐天宝间称巴陵郡，州治今岳阳，辖境相当于今湖南洞庭湖东、南、北沿岸各县，岳窑在湘阴县，生产青瓷。

⑤寿州：唐天宝间称寿春郡，在今安徽寿县一带。寿州窑主要在霍丘，生产黄褐色瓷。

⑥邢州：唐天宝间称巨鹿郡，相当于今河北巨鹿、广宗以西，泜河以南，沙河以北地区。唐宋时期邢窑烧制瓷器，白瓷尤为佳品。邢窑主要在内丘县，唐李肇《唐国史补》卷下称："凡货贿之物，侈于用者，不可胜纪……内丘白甆瓯，端溪紫石砚，天下无贵贱，通用之。"其器天下通用，是唐代北方诸窑的代表窑，定为贡品。

按：陆羽对邢瓷等与越瓷的比较性评议曾遭非议，范文澜在《中国通史》第三编第258页评论道：陆羽按照瓷色与茶色是否相配来定各窑优劣，说邢瓷白盛茶呈红色，越瓷青盛茶呈绿色，因而断定邢不如越，甚至取消邢窑，不入诸州品内。又因洪州瓷褐色盛茶呈黑色，定为最次品。瓷器应凭质量定优劣，陆羽以瓷色为主要标准，只能算是饮茶人的一种偏见。对此，周靖民在其《茶经》校注中已有辨论："因为唐代主要是饮用蒸青饼茶，除要求香气高、滋味浓厚外，还要求汤色绿，在陆羽前后的诗人所作诗歌中都赞美绿色茶汤，如李泌、白居易、秦韬玉、陆龟蒙、郑谷等。陆羽是从审评的观点喜爱青瓷，其他瓷色衬托的茶汤容易产生错觉，这是茶人的需要，不是'茶人的偏见'。"（《中国茶酒辞典》第592页）

【译文】

碗

碗，越州产的最好，鼎州、婺州、岳州次好，寿州、洪州的次些。有人认为邢州产的比越州的好，完全不是这样。如果说邢瓷像银，越瓷就像玉，这是邢瓷不如越瓷的第一点；如果说邢瓷像雪，越瓷就像冰，这是邢瓷不如越瓷的第二点；邢瓷白，使茶汤呈红色，越瓷青，使茶汤呈绿色，这是邢瓷不如越瓷的第三点。晋代杜育《荈赋》说的"器择陶拣，出自东瓯"，意思是挑拣陶瓷器皿，好的出自东瓯。瓯作为地名，就是越州。瓯也是器物名，越州窑的最好，口唇不卷边，碗底浅而稍卷边，容量不到半升。越州瓷、岳州瓷都是青色，青色能增益茶的汤色。一般茶汤为白红色，邢州瓷白，使茶汤色红；寿州瓷黄，使茶汤色紫；洪州瓷褐，使茶汤色黑，都不适宜用来盛茶。

畚纸帊[①]

畚，以白蒲卷而编之[②]，可贮碗十枚。或用筥[③]。其纸帊以剡纸夹缝[④]，令方，亦十之也。

【注释】

①畚（běn）：草笼，用蒲草或竹篾编织的盛物器具。纸帊（pà）：茶碗的纸套子。帊，帛二幅或三幅为帊，亦作衣服解。

②白蒲：莎草科。白色的蒲苇。

杨晋《豪家佚乐图》（局部）

③筥（jǔ）：圆形的盛物竹器。

④剡（shàn）纸：纸名。因用剡地所产藤、竹制造，故名。剡，古县名，在今浙江嵊州西南。

【译文】

畚纸帊

畚，草笼，用白蒲草编成圆筒形，可贮放十只碗。也有用竹筥当作畚用的。纸帊，用两层剡纸，夹缝成方形，也可以贮放十只碗。

札

札，缉栟榈皮以茱萸木夹而缚之①，或截竹束而管之，若巨笔形。

【注释】

①缉：析植物皮搓捻成线。栟榈（bīng lú）：木名。即棕榈。茱萸：植物名。属芸香科。香气辛烈，可入药。古俗农历九月九日重阳节，佩茱萸能祛邪辟恶。

【译文】

札

札，将棕榈皮分拆搓捻成线，用茱萸木夹住捆紧而成，或者截一段竹子像笔管一样绑束而成，形状像支大毛笔的样子。

涤方

涤方，以贮涤洗之余，用楸木合之①，制如水方，受八升。

【注释】

①楸（qiū）木：木名。落叶乔木，叶子三角状卵形或长椭圆形，花冠白色，有紫色斑点，木材质地细密。可供建筑、造船等用。

【译文】

涤方

涤方，盛放洗涤后的水，用楸木制成盒状，制法和水方一样，容量八升。

滓方

滓方，以集诸滓，制如涤方，处五升。

茶巾

【译文】

滓方

滓方,用来盛放各种渣滓,制法如涤方,容量五升。

巾

巾,以绝布为之^①,长二尺,作二枚,互用之,以洁诸器。

【注释】

①绝(shī):粗绸,似布。

【译文】

巾

巾,用粗绸制作,长二尺,做两块,交替使用,以清洁各种茶具。

具列

具列,或作床^①,或作架。或纯木、纯竹而制之,或木,或竹,黄黑可扃而漆者^②。长三尺,阔二尺,高六寸。具列者,悉敛诸器物,悉以陈列也。

【注释】

①床:安放器物的支架、几案等。

②扃(jiōng):从外关闭门箱窗柜上的插关。

【译文】

具列

具列，做成床形或架形，或纯用木制，或纯用竹制，也可木竹兼用，漆成黄黑色，有门可关。长三尺，宽二尺，高六寸。其所以名为具列，是因为可以贮放陈列各种器物。

都篮

都篮，以悉设诸器而名之。以竹篾内作三角方眼，外以双篾阔者经之[1]，以单篾纤者缚之，递压双经，作方眼，使玲珑。高一尺五寸，底阔一尺、高二寸，长二尺四寸，阔二尺。

【注释】

①经：织物的纵线。

【译文】

都篮

都篮，因能装下所有器具而得名。用竹篾编成，里面编成三角形或方形的眼，外面用两道宽篾作经线，用一道细篾作纬线，交替编压住作经线的两道宽篾，编成方眼，使它精巧玲珑。都篮高一尺五寸，底宽一尺，高二寸，长二尺四寸，宽二尺。

【点评】

本章详细介绍了全套茶具二十四组共计二十九种器具的尺寸、材质、功能以至装饰图案，包括生火、煮茶、烤碾罗取茶、盛取盐、盛取水、饮用、清洁和陈设八大方面，大者厚重如风炉，小者轻微如拂末、纸囊，无一不备。

设计成套茶具"二十四器"专门用于饮茶，是陆羽的首创。专门茶具的出现，是茶文化成

清代茶园

熟与独立的标志之一。茶道艺与完整成套的茶器具密不可分，因为它们正是"茶道大行"的载体，完整的煮饮茶程式，凭借成套茶具而行。而其所以能称为茶道者，尚有陆羽对于茶及社会政治文化相关的一些理念，这些理念，陆羽以简洁的文字与图形卦象等，镌刻在了茶具之上。

太极八卦图

风炉，是二十四器中的重器，在陆羽自己所设计的风炉上，集中镌刻了陆羽的一些相关思想理念。一是匡时济世的思想。在炉身三个风窗上刻六字成二句："伊公羹，陆氏茶"，直言陆羽对于茶对于《茶经》所寄予的厚望。商汤武王时，伊尹操俎负鼎煮羹理政而为名相，陆羽以自己所煮之茶与伊尹治理国家所煮之羹对称而言，表明他自己希望茶可以凭借《茶经》跻入时世政治从而有助于匡时济世的向往与抱负。在与耿湋的《连句多暇赠陆三山人》诗中，在被耿湋称赞"一生为墨客，几世作茶仙"时，陆羽曾吟出如下的两句诗："喜是攀阑者，惭非负鼎贤"，再度表明他有伊公负鼎的政治理想。二是社会和平的理想。在风炉的三足上，分别刻写了三句文字，其中一足之上书刻"圣唐灭胡明年铸"，"圣唐灭胡"指唐朝彻底平定安史之乱。唐玄宗天宝十四载（755），安禄山叛，安史之乱爆发。唐廷依靠郭子仪、李光弼等九节度使的统兵以及向回纥借兵，于广德元年（763）彻底平定历时近八年的安史之乱。陆羽在自己设计的风炉上对于唐朝彻底平定安史之乱历史事件大书特书，表明他对社会和平的向往。过去一百多年的中国历史，也印证了陆羽的理想，只有在和平的年代，和平的社会，才能有讲求茶道的茶。三是和谐健体的思想。风炉一足之上书"体均五行去百疾"，五行学说认为世界万物都是由金、木、水、火、土五种基本元素构成的，在不同的事物上有不同的表现。五行之间相生相克，形成各种自然和人生现象。五行在人体中对应着五脏：肝、心、脾、肺、肾，如果人体的五行均衡协调，人就不会生任何疾病。表明陆羽通过茶对自然和谐、养身健体的追求。风炉另一足之上书刻"坎上巽下离于中"，风炉内的墆㙮分三格，分别刻画坎、巽、离三卦，又涉及到了八卦理论，它是比五行理论更为繁复的表现和演变人生与自然现象的理论。因为三卦在风炉煮水时相生相成，所以陆羽是在相生相成均衡和谐的层面上运用五行八卦理论，以期为茶，为人，求得均衡与健康。

在茶具的取材上，陆羽多次表现了他的自然主义的观照，如多用木、竹、铁制作茶具等，可以给现代人的启示是：对器具的过度追求，是不必要的，它们或者会损害茶味品质甚至人体健康，或者会伤及事茶之人的"精行俭德"。

而在各种适宜的器具上，陆羽都不忘记给以适当的装饰，如在风炉上饰以"连葩、垂蔓、曲水、方文之类"，在炭挝"执细头系一小锯以饰挝"，等等。这些美学的观照，似乎是一种本能，表现了陆羽对于茶，乃至对于生活的热爱。

本章还特别讲求茶具与茶汤的相互协调映衬，陆羽通过对茶碗的具体论述表达出来的对于器具与茶汤效果的谐调与互相映衬的观念，可以说是择器的根本原则，对于择器配茶、茶席茶会设计等，至今仍有指导意义。

茶经

卷 下

五之煮

凡炙茶，慎勿于风烬间炙，熛焰如钻^①，使炎凉不均。持以逼火，屡其翻正，候炮^{普教反}出培塿^②，状虾蟆背，然后去火五寸。卷而舒，则本其始又炙之。若火干者，以气熟止；日干者，以柔止。

【注释】

　①熛(biāo)：迸飞的火焰。

　②炮(páo)：用火烘烤。培塿(lǒu)：小山或小土堆。

【译文】

　烤炙茶饼，注意不要在通风的余火上烤，因为风吹会使火苗迸飞飘忽不定像钻子，使茶饼各部分受热不均匀。烤茶时要夹着茶饼靠近火，常常翻动，等到茶饼表面被烤出炮音普教反像虾蟆背上的小疙瘩一样的突起时，然后离火五寸。等到卷曲突起的茶饼表面又舒展开来，

陈洪绶《烹茶图》
　图中画三角形亭，亭中有二高士对坐，右边着红衣者以扇扇炉，左边高士身后立有书童，二人正煮茶论道。

再按先前的办法烤一次。如果制茶时是用火烘干的，以烤到有香气为度；如果是晒干的，以烤到柔软为好。

其始，若茶之至嫩者，蒸罢热捣，叶烂而牙笋存焉。假以力者，持千钧杵亦不之烂。如漆科珠^①，壮士接之，不能驻其指^②。及就，则似无穰骨也^③。炙之，则其节若倪倪^④，如婴儿之臂耳。既而承热用纸囊贮之，精华之气无所散越^⑤，候寒末之。末之上者，其屑如细米。末之下者，其屑如菱角。

【注释】

①漆：涂漆。科：同"颗"，颗粒。

②驻：停留，拿住。

③穰（ráng）：泛指黍稷稻麦等植物的茎秆。

④倪倪：弱小的样子。

⑤越：飘散；散失。

【译文】

开始制茶的时候，对于很柔嫩的茶叶，蒸茶后乘热舂捣，叶子捣烂了，而芽头还存在。如果只用蛮力，用千斤重杵也无法将芽头捣烂。这就如同涂漆的圆珠子，轻而圆滑，力大之人反而拿不住它一样。捣好的茶叶好像一条茎梗也没有。这样的茶饼经过烤炙，就会柔软得像婴儿的手臂。烤好的茶饼要趁热用纸袋装起来，使它的香气不致散失，等冷却了再碾成末。上等的茶末，其碎屑如细米；下等的茶末，其碎屑如菱角状。

其火用炭，次用劲薪。谓桑、槐、桐、枥之类也^①。其炭，曾经燔炙^②，为膻腻所及，及膏木、败器不用之^③。膏木为柏、桂、桧也^④，败器谓杇废器也^⑤。古人有劳薪之味⑥，信哉。

【注释】

　　①枥（lì）：同"栎"。树名。山毛榉科，落叶乔木。叶长椭圆形，初夏开花，黄褐色，雌雄同株。坚果卵圆形。幼叶可饲柞蚕。壳斗和树皮可提取栲胶。木材坚实，可做枕木和机械用材。因其木理斜曲，古代多作炭薪。古人常喻作不材之木。

　　②燔（fán）：火烧，烤炙。

　　③膏木：有油脂的树木。

　　④柏：柏科植物的通称。有侧柏、圆柏、刺柏、台湾扁柏、福建柏等多种。常绿乔木或灌木。叶小，鳞片形。果实卵形或圆球形。性耐寒，经冬不凋。木质坚硬，纹理致密，可供建筑、造船等用。桂：木名。肉桂，樟科，常绿乔木。叶子长椭圆形，有三条叶脉。果实椭圆形，紫红色。树皮含挥发油，极香，可作香料或入药。桧（guì）：木名。柏科，常绿乔木。茎直立，幼

丁云鹏《煮茶图》
　　此图右上绘一株盛开的玉兰树，花朵灼灼，繁而不乱。中部有一假山，玲珑剔透。其下设一榻，左角置一竹炉，一中年人安坐榻上，静观煮茶，旁立一红衣老仆，手中捧一斗笠状器具。前有石案，上设壶、杯、盆景、书籍、古玩等。右侧另有一仆下蹲，似从缸中取水。全幅非常详尽地描绘了煮茶情景。

树的叶子像针，大树的叶子像鳞片，雌雄异株，春天开花。木材桃红色，有香味，细致坚实。寿命可长达数百年。

⑤杇（wū）：粉刷，涂抹。

⑥劳薪之味：指用陈旧或其他不适宜的木柴烧煮而致使味道受影响的食物，典出《世说新语·术解第二十》："荀勖（xù）尝在晋武帝坐上食笋进饭，谓在坐人曰：'此是劳薪炊也。'坐者未之信，密遣问之，实用故车脚。"《晋书》卷三九亦载有此事。

【译文】

烤茶煮茶的燃料，最好用木炭，其次用火力强劲的木柴。如桑、槐、桐、枥之类的木柴。曾经烤过肉，染上了腥膻油腻气味的木炭，以及有油脂的木柴如柏、桂、桧等之类、朽坏的木器如曾被涂抹以及破败的木器，都不能用。古人说用不适宜的木柴烧煮食物会有怪味，所谓"劳薪之味"，确实如此。

其水，用山水上，江水次，井水下。《荈赋》所谓："水则岷方之注①，挹彼清流②。"其山水，拣乳泉、石池慢流者上③；其瀑涌湍漱④，勿食之，久食令人有颈疾。又多别流于山谷者，澄浸不泄⑤，自火天至霜郊以前⑥，或潜龙蓄毒于其间⑦，饮者可决之，以流其恶，使新泉涓涓然，酌之。其江水取去人远者，井取汲多者。

【注释】

①岷方之注：岷江流淌的清水。

②挹（yì）：同"抑"，汲取。

③乳泉：从石钟乳滴下的水，甘美而清冽的泉水。

④瀑（bào）涌湍（tuān）漱：山水汹涌翻腾冲击。瀑，水飞溅。湍，水势急而旋。

⑤澄（chéng）：清澈而不流动。浸：泛指河泽湖泊。

镇江天下第一泉

⑥火天至霜郊：指公历六月至十月霜降以前的这段时间。火天，热天，夏天，五行火主夏，故称。霜郊，疑为霜降之误。霜降，节气名，公历十月二十三日或二十四日。

⑦潜龙：潜居于水中的龙蛇，蓄毒于水内。实际应当是停滞不泄的积水积存有动植物腐败物，孳生了细菌和微生物，经微生物的分解，产生一些有害人身的可溶性物质。

【译文】

煮茶用水，以山水为最好，其次是江河水，井水最差。如同《荈赋》所言："水要汲取岷江流淌的清水。"山水，最好选取甘美的泉水、石池中缓慢流动的水，急流奔涌翻腾回旋的水不要饮用，长期喝这种水会使人颈部生病。此外还有一些停蓄于山谷的水泽，水虽清澈，但不流动。从炎热的夏天到秋天霜降之前，也许有虫蛇潜伏其中，污染水质，要喝这种水，应先挖开缺口，让污秽有毒的水流走，使新的泉水涓涓而流，然后再汲取饮用。江河里的水，要到远离人烟的地方去取，井水则要从经常汲用的井中汲取。

　　其沸如鱼目①，微有声，为一沸。缘边如涌泉连珠，为二沸。腾波鼓浪，为三沸。已上水老，不可食也。初沸，则水合量调之以盐味②，谓弃其啜余③。啜，尝也，市税反，又市悦反。无乃𫗧𫗦而钟其一味乎④。上古暂反，下吐滥反，无味也。第二沸出水一瓢，以竹筴环激汤心，则量末当中心而下⑤。有顷，势若奔涛溅沫，以所出水止之，而育其华也⑥。

【注释】

　　①鱼目：水初沸时水面出现的像鱼眼睛的小水泡。唐宋时代也有称为虾目、蟹眼。

　　②则水合量调之以盐味：估算水的多少调放适量的食盐。则，估算。

　　③弃其啜余：将尝过剩下的水倒掉。

　　④无乃𫗧𫗦（gǎn dǎn）而钟其一味乎：不是因为水中无味而只喜欢盐这一种味道啊。𫗧𫗦，无味。

　　⑤则：标准权衡器，此处指取茶用的茶则。

　　⑥华：精华，汤花，茶汤表面的浮沫。

【译文】

　　煮水时，当水沸腾冒出像鱼眼般的水泡，有轻微的响声，就是"一沸"。锅边缘四周的水泡像连珠般涌动时，称作"二沸"。当水像波浪般翻滚奔腾时，已经是"三沸"。三沸以上的水若继续煮，水就过老不宜饮用了。水刚开始沸腾时，按照水量放入适当的盐以调味，把尝剩下的那点水泼掉。啜是品尝的意思，音市税反，又市悦反。切莫因为水无味而只喜欢盐这一种味道。𫗧音古暂反，𫗦音吐滥反，𫗧𫗦意为无味。第二沸时，舀出一瓢水，用竹筴在沸水中心转

钱慧安《烹茶洗砚图》

　　此画在两株虬曲的松树下，有傍石而建的水榭，一中年男子倚栏而坐。榭内琴桌上置有茶具、书函，一侍童在水边洗砚，数条金鱼正游向砚前；另一侍童拿着蒲扇，对小炉扇风烹茶。

圈搅动，用则量取茶末从漩涡中心倒入。一会儿，锅中波涛翻滚，水沫飞溅，就把刚才舀出的水倒入，减轻水的沸腾，以保养表面生成的汤花。

凡酌，置诸碗，令沫饽均①。《字书》并《本草》②：饽，茗沫也。蒲笏反。沫饽，汤之华也。华之薄者曰沫，厚者曰饽。细轻者曰花，如枣花漂漂然于环池之上；又如回潭曲渚青萍之始生③；又如晴天爽朗有浮云鳞然。其沫者，若绿钱浮于水湄④，又如菊英堕于镈俎之中⑤。饽者，以滓煮之，及沸，则重华累沫，皤皤然若积雪耳⑥。《荈赋》所谓"焕如积雪，烨若春蔽⑦"，有之。

【注释】

①饽（bō）：茶汤表面上的浮沫。

②《字书》：当指其时已有的字典，如《说文》、《广韵》、《切韵》、《开元文字音义》等。

③回潭：回旋流动的潭水。曲渚（zhǔ）：曲曲折折的洲渚。渚，水中的小块陆地。

④绿钱：苔藓的别称。

⑤菊英：菊花，不结果的花叫英，英是花的别名。镈（zūn）：盛酒的器皿，与尊、樽、鐏诸字同。俎（zǔ）：古代祭祀、燕飨时陈置牲体或其他食物的礼器。

⑥皤皤（pó）：白色。

⑦烨（yè）：明亮，火盛，光辉灿烂。蔽（fū）：花的通名。

大彬款提梁壶

【译文】

　　将茶分盛到碗里喝时，要让"沫饽"均匀地舀分到每只碗里。《字书》并《本草》说：饽是茶沫，音蒲笏反。沫饽，就是茶汤的"汤花"。汤花薄的叫"沫"，厚的叫"饽"，细轻的叫"花"。汤花，有的像枣花在圆形的池塘上漂然浮动；有的像回环的潭水、曲折的洲渚间新生的浮萍；有的则像晴朗天空中的鳞状浮云。茶沫，好似青苔浮在水边，又如菊花飘落杯碗之中。茶饽，是烹煮茶茶浡沸腾后茶汤表面形成的层层汤花茶沫，白白的像积雪一般。《荈赋》中讲汤花"明亮像积雪，灿烂如春花"，确实是这样。

　　第一煮水沸，而弃其沫，之上有水膜，如黑云母[1]，饮之则其味不正。其第一者为隽永，徐县、全县二反。至美者曰隽永。隽，味也；永，长也。味长曰隽永。《汉书》：蒯通著《隽永》二十篇也[2]。或留熟盂以贮之[3]，以备育华救沸之用。诸第一与第二、第三碗次之。第四、第五碗外，非渴甚莫之饮。凡煮水一升，酌分五碗[4]。碗数少至三，多至五。若人多至十，加两炉。乘热连饮之，以重浊凝其下，精英浮其上。如冷，则精英随气而竭，饮啜不消亦然矣。

【注释】

　　①黑云母：云母为一种矿物结晶体，片状，薄而脆，有光泽。因所含矿物元素不同而有多种颜色，黑云母是其中的一种。

　　②蒯（kuǎi）通著《隽永》二十篇也：语出《汉书》卷四五《蒯通传》，文曰："（蒯）通论战国时说士权变，亦自序其说，凡八十一首，号曰《隽永》。"

青瓷托盏

蒯通，本名蒯彻，汉初范阳固城镇人，因为避汉武帝之讳而改为通。陈胜起义后，他劝说范阳令徐公归降陈胜部将武臣，后有劝说韩信取其地，背叛刘邦自立。汉惠帝时，为丞相曹参宾客。

③或留熟盂以贮之：将第一沸撇掉黑云母的水留一份在熟盂中待用。"盂"字底本及诸本皆脱，按"熟盂"为贮热水之专门器具，据以补之。

④凡煮水一升，酌分五碗：唐代一升约为今六百毫升，则一碗茶之量约为一百二十毫升。

【译文】

水刚煮开时，把水面上的水沫去掉，因为水沫上有一层像黑云母样的膜状物，饮用的话味道不好。此后，从锅里舀出的第一瓢水，味美味长，称为隽永，隽音徐县反、全县反。最美的味道称为隽永。隽，味也；永，长也。味长就是隽永。《汉书》中说蒯通著《隽永》二十篇。通常贮放在熟盂里，以备减轻沸腾、养育汤华时用。以下第一、第二、第三碗的水，味道略差些。第四、第五碗以后的，要不是渴得太厉害，就不要喝了。一般煮水一升，分作五碗。碗数最少三碗，最多五碗。如果饮茶人数多到十个，就加煮两炉。喝茶要趁热连着喝完，因为重浊不清的物质凝聚在下，精华飘浮在上。如果茶冷了，精华就会随热气散失消竭，即使连着喝也一样。

茶性俭，不宜广，广则其味黯澹①。且如一满碗，啜半而味寡，况其广乎！其色缃也②，其馨致也③。香至美曰致，致音使。其味甘，槚也④；不甘而苦，荈也⑤；啜苦咽甘，茶也。《本草》云⑥：其味苦而不甘，槚也；甘而不苦，荈也。

【注释】

①黯澹：同"黯淡"，阴沉，昏暗。此处指茶味淡薄。"广"字底本脱，据王圻《稗史汇编》本补。

②缃（xiāng）：浅黄色。

宣化辽墓壁画《煮茶图》

③歠（sǐ）：香美。

④槚（jiǎ）：茶的别名。

⑤荈（chuǎn）：晚采的茶。亦泛指茶。

⑥《本草》：底本作"一本"，据程福生竹素园本改。

【译文】

　　茶性俭约，水不宜多，水多就味道淡薄。就像一满碗茶，喝到一半味道就觉得淡了些，更何况水加多了呢！茶汤的颜色浅黄，味道香美。最香美的味道称为歠，歠音使。味道甘甜的是槚，不甜而苦的是荈,入口时苦咽下味甘的是茶。《本草》说:味道苦而不甜的是槚,甜而不苦的是荈。

【点评】

　　本章较为系统介绍了唐代末茶完整的煮饮程式:炙茶→碾(罗)茶→炭火→择水→煮水→加盐加茶粉煮茶→育汤花→分茶入碗→趁热饮茶。

　　陆羽对炙茶程序着墨甚多,从对烤炙好的茶要趁热用纸囊贮藏,使"精华之气无所散越"的要求来看,炙茶这一程序对将饮之茶有着焙香的作用。不过很可惜,这一程序在宋代蔡襄《茶录》之后,被认为只有在饮用陈茶时才需在碾茶前烤炙,因而在宋代的团饼茶饮用程序上实际取消了这一步骤。

宋煮茶画像砖(拓片)

　　对于煮茶所用燃料,陆羽论之甚详,要之以火力强劲和不能损害茶味为重。最为要用者是炭,其次是用火力强劲的木材。因为炭火火力通彻,又没有火焰,没有火焰就不会有烟,就不会有烟气侵损茶味。在烹饪过程中使用过,已经沾染了荤膻油腻气味的炭材,以及有油脂的树木,与陈旧家俱、工具的废弃木材等,看起来虽然不浪费,但都不可用于煮茶,因为这些材料都会污染茶水之味。

　　关于煮茶之水,陆羽认为山水、江水、井水,只要所取适宜,都为可用,而以山水为上。当然山水也有很多种,陆羽仔细分析了各种条件下的山水情况,并指导如何取用。江水取离开人类活动远的地方的,这样人类活动不致沾染江水。井水要用使用多的井里的,这种井里的水能够保证常汲

刘松年《撵茶图》（局部）

常新，流动鲜活。总之，只要是清洁流动的水皆可，而以甘美而清冽的泉水为最好。至北宋，前者被苏轼总结为"活水"，后者被宋徽宗赵佶论述为"以清轻甘洁为美"。陆羽年轻时在家乡与贬官竟陵的崔国辅相与交游的三年中，一项重要的活动内容就是品茶论水，此后陆羽对于煮茶用水一直都非常重视，所到之处依然品茶评水。唐代张又新著《煎茶水记》时，记录了陆羽曾经将其所经历的天下宜茶之水品评等第列出二十种，成为中国南北大地"天下第×泉"的源头。重视饮茶用水成为此后茶人的一个传统，唐宰相李德裕甚至有千里运惠山泉的故事。

陆羽对于煮水的论述，首开风气之先。他将水烧开沸腾分为三个程度，并将一沸之水形象地比喻为"鱼目"。从此，鱼目蟹眼成为后出茶书论煮水时的专用名词，更是特别成为诗文创作中的一个极为醒目的意象。陆羽认为对茶最适合的是在水达到二沸时加入末茶粉煮茶，三沸以上的水老，不可用来煮茶饮用。这一经验论断一直为人继承，至今仍有着现实的指导意义，所区别者，是现在有更多的科学研究手段，通过量化的分析，更为科学地证明陆羽的经验性论断。

陆羽关于茶汤表面沫饽的形象描绘，再次展示了他对茶的美好感受与热爱之情，也让人们再次看到了他的文学才华，他的朋友权德舆（官至宰相）曾经这样称赞他："词艺卓异，为当时闻人"，说明了陆羽的文学成就与影响很大。

本章关于茶需趁热连饮，否则茶味就不好的经验，至今仍然正确。

本章"茶性俭，不宜广"的论述，与《一之源》所论茶之为饮"最宜精行俭德之人"相呼应。

茶经

卷 下

六之饮

　　翼而飞①，毛而走②，呿而言③。此三者俱生于天地间，饮啄以活④，饮之时义远矣哉！至若救渴，饮之以浆⑤；蠲忧忿⑥，饮之以酒；荡昏寐，饮之以茶。

【注释】

　　①翼而飞：有翅膀能飞的禽类。

　　②毛而走：身被皮毛善于奔走的兽类。

　　③呿（qū）而言：张口会说话的人类。呿，张口状。

　　④饮啄（zhuó）：饮水啄食。啄，鸟用嘴取食。

　　⑤浆：古代一种微酸的饮料。

　　⑥蠲（juān）：除去，清除。

【译文】

　　禽鸟有翅而飞，兽类身被皮毛善于奔跑，人类开口能言，三者都生存于天地之间，依靠喝水、吃食物来维持生命，可见饮的时间漫长，意义深远。为了解渴，则要饮浆；为了消愁解闷，则要喝酒；为了提神解除瞌睡，则要喝茶。

　　茶之为饮，发乎神农氏①，闻于鲁周公。齐有晏婴②，汉有扬雄、司马相如③，吴有韦曜④，晋有刘琨、张载、远祖纳、谢安、左思之徒⑤，皆饮焉。滂时浸俗⑥，盛于国朝⑦，两都并荆渝间⑧，以为比屋之饮⑨。

【注释】

　　①神农氏：又称为炎帝，传说中的古帝，三皇之一，姜姓，因以火德王，故称炎帝；相传以火名官，作耒耜，教人耕种，故又号神农氏。

　　②晏婴（？—前500）：春秋时齐国大夫，字平仲，春秋时齐国夷维（今山东高密）

《封氏闻见记》书影

人，继承父（桓子）职为齐卿，后相齐景公，以节俭力行，善于辞令，名显诸侯。《史记》卷六二有传。

③汉有扬雄、司马相如：扬雄（前53—公元18），字子云，西汉蜀郡成都（今四川成都）人。西汉学者、辞赋家、语言学家。司马相如（约前179—前127），字长卿，西汉景帝、武帝时蜀郡（今四川成都）人。官至孝文园令，汉朝著名文学家，其代表作品为《子虚赋》。作品词藻富丽，结构宏大，使他成为汉赋的代表作家，后人称之为赋圣。鲁迅在《汉文学史纲要》曾评价说："武帝时文人，赋莫若司马相如，文莫若司马迁。"《史记》卷一一七、《汉书》卷五七皆有传。

④吴有韦曜：韦曜（220—280），本名韦昭，字弘嗣，晋陈寿著《三国志》时避司马昭名讳改其名。三国吴人，官至太傅，后为孙晧所杀。《三国志》卷六〇有传。

⑤晋有刘琨、张载、远祖纳、谢安、左思之徒：刘琨（271—318），字越石，中山魏昌（今河北无极）人，晋将领、诗人，西晋时任并州刺史，拜平北大将军，都督并、幽、冀三州诸军事，死后追封为司空。《晋书》卷六二有传。张载，字孟阳，西晋文学家，安平（今河北深县）人，性格闲雅，博学多闻。曾任佐著作郎、著作郎、记室督、中书侍郎等职。西晋末年世乱，托病告归。张载与其弟张协、张亢，都以文学著称，时称"三张"。《晋书》卷五五有传。远祖纳，即陆纳（320?—395），字祖言，晋时吴郡吴（今江苏苏州）人，官至尚书令，拜卫将军。《晋书》卷七七有传。中唐以前，门阀观念与谱牒制度仍较强烈，陆羽

刘松年《茗园赌市图》

司马相如《子虚赋》

因与陆纳同姓，故称之为远祖。高祖、曾祖以上的祖先称为远祖。谢安（320—385），字安石，号东山，东晋政治家，军事家，陈郡阳夏（今河南太康）人。少有重名，征辟皆不就，隐居东山。年四十余，始出任征西大将军桓温的司马。历任吴兴太守、侍中兼吏部尚书兼中护军、尚书仆射兼领吏部加后将军、扬州刺史兼中书监兼录尚书事、都督五州、幽州之燕国诸军事兼假节、太保兼都督十五州军事兼卫将军等职，死后追封太傅兼庐陵郡公。《晋书》卷七七有传。左思（约250—305），字太冲，齐国临淄（今山东淄博）人，西晋文学家，著名的《三都赋》的作者，写有《娇女诗》。晋武帝时始任秘书郎，齐王冏命为记室督，辞疾不就。《晋书》卷九二有传。

⑥滂时浸俗：影响渗透成为社会风气。滂，水势盛大浸涌，引申为浸润的意思。浸，渐渍、浸淫的意思。

⑦国朝：指陆羽自己所处的唐朝。

⑧两都：指唐朝的西京长安（今陕西西安），东都洛阳。荆：荆州，江陵府，天宝间一度为江陵郡，是唐代的大都市之一，也是最大的茶市之一。渝：渝州，天宝间称南平郡，治巴县（即今重庆）。唐代荆渝间诸州县多产茶。

⑨比屋之饮：家家户户都饮茶。比，相连接。

【译文】

茶作为饮料，开始于神农氏，周公作了文字记载而为世人所知。春秋时齐国的晏婴，汉代的扬雄、司马相如，三国时吴国的韦曜，晋代的刘琨、张载、陆纳、谢安、左思等人都爱喝茶。后来流传日广，逐渐形成风气，到了唐朝，饮茶之风非常盛行，在西安、洛阳东西两个都城和江陵、重庆等地，更是家家户户饮茶。

饮有觕茶、散茶、末茶、饼茶者①，乃斫、乃熬、乃炀、乃舂②，贮于瓶缶之中，以汤沃焉，谓之痷茶③。或用葱、姜、枣、橘皮、茱萸、薄荷之等④，煮之百沸，或扬令滑，或煮去沫。斯沟渠间弃水耳，而习俗不已。

【注释】

①觕（cū）：粗。

②乃斫（zhuó）、乃熬、乃炀（yàng）、乃舂（chōng）：斫，伐枝取叶；熬，蒸茶；炀，焙茶使干；舂，碾磨成粉。

③贮于瓶缶（fǒu）之中，以汤沃焉，谓之痷（ān）茶：将磨好的茶粉放在瓶罐之类的容器里，用开水浇下去，称之为泡茶。缶，一种大腹紧口的瓦器。痷，《茶经》中的泡茶术语，指以水浸泡茶叶之意。

④茱萸：落叶乔木或半乔木，有山茱萸、吴茱萸、食茱萸三种，果实红色，有香气，入药，古人常取它的果实或叶子作烹调佐料。

【译文】

饮用的茶，有粗茶、散茶、末茶、饼茶。这些茶都经过伐枝采叶、蒸熬、烤炙、碾磨，放到瓶缶中，用开水冲泡，这叫做浸泡的茶。或加入葱、姜、枣、橘皮、茱萸、薄荷之类东西，煮沸很长时间，或者把茶汤扬起使之变得柔滑，或者在煮的时候把茶汤上的"沫"去掉。这样的茶汤无异于沟渠里的废水，可是这样的习俗至今都延续不变。

於戏！天育万物，皆有至妙。人之所工，但猎浅易。所庇者屋，屋精

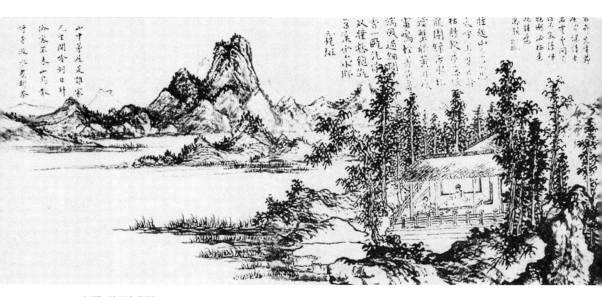

赵原《陆羽烹茶图》
　　该画以陆羽烹茶为题材，环境优雅，远山近水，有一山岩平缓突出水面，堂上陆羽按膝而坐，傍有童子，拥炉烹茶。

山茱萸

吴茱萸

极；所著者衣，衣精极；所饱者饮食，食与酒皆精极之。茶有九难：一曰造，二曰别，三曰器，四曰火，五曰水，六曰炙，七曰末，八曰煮，九曰饮。阴采夜焙①，非造也；嚼味嗅香，非别也；膻鼎腥瓯②，非器也；膏薪庖炭，非火也；飞湍壅潦③，非水也；外熟内生，非炙也；碧粉缥尘，非末也；操艰搅遽④，非煮也；夏兴冬废，非饮也。

【注释】

①焙（bèi）：微火烘烤。

②瓯（ōu）：杯、碗之类的饮具。

茶经

五代白瓷茶瓶

③飞湍（tuān）：急流。湍，水势急而旋。壅潦（lǎo）：停滞不流的水。潦，积水。

④遽（jù）：急速，匆忙。

【译文】

呜呼！天生万物，都有它最精妙之处，人们所擅长的，都只是那些浅显易做的。住的是房屋，房屋构造精致极了；穿的是衣服，衣服做得精美极了；填饱肚子的是饮食，食物和酒都精美极了。而茶要做到精致则有九大难点：一是制造，二是识别，三是器具，四是用火，五是择水，六是烤炙，七是研末，八是烹煮，九是品饮。阴天采摘和夜间焙制，是制造不当；口嚼辨味，鼻闻辨香，是鉴别不当；沾染了膻腥气的锅碗，是器具不当；用有油烟的和烤过肉的柴炭，是燃料不当；用急流奔涌或停滞不流的水，是用水不当；烤得外熟内生，是烤炙不当；把茶研磨成太细的青白色的粉末，是研末不当；操作不熟练或搅动太急，是烹煮不当；夏天喝而冬天不喝，是饮用不当。

夫珍鲜馥烈者①，其碗数三。次之者，碗数五②。若坐客数至五，行三碗；至七，行五碗；若六人已下③，不约碗数，但阙一人而已，其隽永补所阙人。

【注释】

①珍鲜馥烈者：香高味美的好茶。

②其碗数三。次之者，碗数五：这里与前文《五之煮》的相关文字相呼应："诸第一与第二、第三碗次之。第四、第五碗外，非渴甚莫之饮。""碗数少至三，多至五。"

③若六人已下：此处"六"疑可能为"十"之误，因前文《五之煮》有小注曰"碗数少至三，多至五。若人多至十，加两炉"，则此处所言之数当为七人以上十人以下。

【译文】

精美新鲜芳香浓烈的茶，（一炉）只有三碗。其次是一炉煮五碗。假若座上客人达到五人，就分舀三碗；座客达到七人，就以五碗匀分；假若是六人以下（六人或当为十人），就不必估量碗数，只要按少一个人计算，用"隽永"那瓢水来补充所少算的一份。

【点评】

人和所有生存于天地间的动物一样，都必须依靠饮食维持生命。人类饮用的饮品有很多，如水、酒、茶等，它们对人都有各自不同的功用，茶的主要功用是提神除睡。人类饮茶的时间与意义皆很深远。

人类饮用茶的历史源远流长，本章以神农以来各历史时期的代表人物概而述之。到了唐朝，许多地区甚至家家户户饮茶，饮茶之风非常之盛。陆羽总结了至他所处时代的各种茶叶形态和饮茶方式，让后人仍能看到当时就有多种饮茶方式并存的状态。陆羽对当时存在的夹杂多种物品混合煮饮的茶羹汤，以及只是将茶放在瓶缶中用开水

玉川品茶图

李士达《竹林七贤图》（局部）

浸泡等等一些饮茶方式甚不以为然，认为应该抛弃不喝，从相反的角度提倡清饮。

陆羽在《茶经》中大力提倡的是除盐之外不加其他任何物品的清饮，他清醒地看到他所提倡的清俭之茶饮方式的难度，因为人之本性就是擅长将容易的事情做到精致，而茶却是不容易做到精妙的事情之一。因为只有能解决饮茶过程中的"九难"：造茶、别茶、茶器、生火、用水、炙茶、碾茶、煮茶、饮茶，即从采摘制造茶叶开始直至饮用的全部过程的所有问题，也即是若能按照《茶经》所论述的规范去做，才能尽究饮茶的奥妙。

本章最后一段文字，讲三五人或更多人一起饮茶时茶碗设置数量，因为涉及当时的饮茶形式，还有让人不易理解之处。可能还是从一起饮茶的人数角度，再次言及上章所论"茶性俭，不宜广"的问题。

茶经

卷 下
七之事

三皇　炎帝神农氏^①

【注释】

①炎帝神农氏：传说中的古帝，三皇之一，相传以火名官，作耒耜，教人耕种，故又号神农氏。

【译文】

三皇　炎帝神农氏

炎帝神农氏

周　鲁周公旦^①，齐相晏婴^②

【注释】

①周公：姓姬名旦，周文王姬昌之子，周武王姬发之弟，武王死后，扶佐其子成王，改定官制，制作礼乐，完备了周朝的典章文物。伐纣灭商之后，曾被封于曲阜，是为鲁公，但未就封。后其采邑在成周，故称为周公。事见《史记·鲁周公世家》。

②晏婴：（前578—前500），字仲，谥平，习惯上多称平仲，又称晏子，夷维人（今山东莱州）。春秋后期一位重要的政治家、思想家、外交家。以生活节俭，谦恭下士著称。

【译文】

周　鲁国周公姬旦，齐国国相晏婴

汉　仙人丹丘子，黄山君^①，司马文园令相如^②，扬执戟雄^③

【注释】

①黄山君：汉代仙人。

②司马文园令相如：即司马相如，西汉著名的词赋家。司马相如曾为孝文园令，孝文

园令是汉文帝之陵的陵园令。陵园令是掌管陵园扫除之事的小官。

③扬执戟雄：扬雄曾任黄门郎。汉代郎官都要执戟护卫宫廷，故称扬执戟。扬雄（前53—公元18），西汉文学家、哲学家、语言学家。擅长辞赋，与司马相如齐名。

【译文】

汉　仙人丹丘子、黄山君，孝文园令司马相如，执戟郎扬雄

司马相如像

吴　归命侯①，韦太傅弘嗣②

【注释】

①吴归命侯：孙皓（242—283），三国时吴国的末代皇帝，字符仲，264—280年在位，于280年降晋，被封为归命侯。事见《三国志》卷四十八。

②韦太傅弘嗣：韦曜（220—280），本名韦昭，字弘嗣。

【译文】

吴　归命侯孙皓，太傅韦曜

晋　惠帝①，刘司空琨，琨兄子兖州刺史演②，张黄门孟阳③，傅司隶咸④，江洗马统⑤，孙参军楚⑥，左记室太冲，陆吴兴纳，纳兄子会稽内史俶，谢冠军安石，郭弘农璞，桓扬州温⑦，杜舍人育，武康小山寺释法瑶⑧，沛国夏侯恺⑨，余姚虞洪⑩，北地傅巽⑪，丹阳弘君举⑫，乐安任育长⑬，宣城秦精⑭，敦煌单道开⑮，剡县陈务妻⑯，广陵老姥⑰，河内山谦之⑱

【注释】

①晋惠帝：即司马衷（259—306），晋武帝司马炎第二子，西晋的第二代皇帝，290—306年在位。司马衷于泰始三年（267）被立为皇太子，太熙元年（290）即位，改元永熙。他为人痴呆不任事，初由太傅杨骏辅政，不久皇后贾南风杀害杨骏，掌握大权。在八王之乱中，惠帝的叔祖赵王司马伦篡夺了惠帝的帝位，并以惠帝为太上皇，将之囚禁于金墉城。齐王司马冏与成都王司马颖起兵反司马伦，群臣共谋杀司马伦党羽，迎晋惠帝复位，诛司马伦及其子。又由诸王辗转挟持，形同傀儡，受尽凌辱。光熙元年（306），东海王司马越将其迎归洛阳，不久死去，相传被司马越毒死。见《晋书》卷四《惠帝纪》。

②演：刘演，字始仁，刘琨侄。西晋末，北方大乱，刘琨表奏其任兖州刺史，东晋时官至都督、后将军。《晋书》卷六二《刘琨传》有附传。

③张黄门孟阳：张载，字孟阳，曾任中书侍郎，未任过黄门侍郎，而是其弟张协（字景阳）任过此职。《晋书》卷五五有传。《茶经》此处当有误记。

④傅司隶咸：傅咸（239—294），字长虞，西晋北地泥阳（今陕西耀县）人，西晋哲学家、文学家傅玄

桓温书《大事帖》

之子，仕于晋武帝、惠帝时，历官尚书左、右丞，以议郎长兼司隶校尉等。《晋书》卷四七《傅玄传》中有附传。

⑤江洗马统：江统（？—310），字应元，西晋陈留圉县（今河南杞县南）人。西晋武帝时，初为山阳令，迁中郎，转太子洗马，在东宫多年，后迁任黄门侍郎、散骑常侍、国子博士。《晋书》卷五六有传。

⑥孙参军楚：孙楚（约218—293），字子荆，三国魏至西晋时太原中都县（今山西平遥）人，文学家，晋惠帝初官至冯翊太守。《晋书》卷五六有传。史称其"才藻卓绝，爽迈不群"，多所陵傲，故缺乡曲之誉。魏末，孙楚已四十多岁，才入仕为镇东将军石苞的参军，后为晋扶风王司马骏征西参军，晋惠帝初为冯翊太守。《孙楚集》据《隋书·经籍志》载，凡12卷，今佚。明人张溥《汉魏六朝百三家集》中辑有《孙冯翊集》。

⑦桓扬州温：桓温（312—373），东晋谯国龙亢（今安徽怀远）人，字符子，娶晋明帝之女南康长公主为妻。官至大司马，曾任荆州刺史、扬州牧等。长期执掌东晋朝政，三次北伐，威名赫赫。《晋书》卷九八有传。

⑧武康：自汉至清代都有这一县名，属吴兴郡（府），在今浙江湖州德清。释法瑶：东晋至南朝宋齐间著名涅槃师，慧净弟子。初住吴兴武康小山寺，后应请入建康，著有《涅槃》、《法华》、《大品》、《胜鬘》等经及《百论》的疏释。

⑨沛国夏侯恺：沛国，在今江苏沛县、丰县一带。夏侯恺，字万仁，《搜神记》卷一六中的人物。

⑩余姚虞洪：《搜神记》中之人物，余姚即今浙江余姚。

⑪北地傅巽：北地，郡名，在今陕西耀县一带。傅巽，傅咸的从祖父，字公悌，北地泥阳人。"瑰伟博达，有知人之鉴。"初辟于公府，拜尚书郎，后客于荆州为刘表幕官。建安十三年（208），曹操军到襄阳，傅巽时任东曹掾，与蒯越、韩嵩等游说继任荆州牧刘琮归降曹操。刘琮举州往降，以傅巽说降刘琮有功，赐爵关内侯。魏文帝时为侍中尚书，魏明帝太和年中卒。

⑫丹阳弘君举：丹阳今属江苏镇江。弘君举，清严可均辑《全上古三代秦汉三国六朝文》之《全晋文》卷一三八录存其文。

⑬乐安任育长：乐安在今山东邹平。任育长，任瞻，晋人。余嘉锡《世说新语笺疏》下卷下《纰漏第三十四》：晋武帝崩时（290）选百二十挽郎，任瞻在其中，时年少，有美名。笺疏引《晋百官名》曰："任瞻字育长，乐安人。父琨，少府卿。瞻历谒者仆射、都尉、天门太守。"

⑭宣城秦精：《续搜神记》中人物，宣城在今安徽宣城。

⑮单道开：东晋穆帝时人，西晋末入内地，后在赵都城（今河北魏县）居住甚久，后南游，经东晋建业（今江苏南京），又至广东罗浮山（今惠州北）隐居卒。《晋书》卷九五《艺术传》中有传。

⑯剡县陈务妻：《异苑》中的人物，剡县即今浙江嵊州。

⑰广陵老姥：《广陵耆老传》中的人物，广陵即今江苏扬州。

⑱河内山谦之（420—470）：南朝宋时河内郡（治所在今河南沁阳）人，著有《吴兴记》等。

【译文】

晋　惠帝司马衷，司空刘琨，琨侄兖州刺史刘演，黄门侍郎张载，司隶校尉傅咸，太子洗马江统，参军孙楚，记室左思，吴兴陆纳，纳侄会稽内史陆俶，冠军谢安，弘农太守郭璞，扬州牧桓温，中书舍人杜育，武康小山寺释法瑶，沛国夏侯恺，余姚虞洪，北地傅巽，

魏晋名士

丹阳弘君举，乐安任瞻，宣城秦精，敦煌单道开，剡县陈务妻，广陵老姥，河内山谦之

后魏^①　琅琊王肃^②

【注释】

①后魏：指北朝的北魏（386—534），鲜卑拓拔珪所建，原建都平城（今山西大同），493年孝文帝拓拔宏迁都洛阳，并改姓"元"。534年，北魏分裂为东魏与西魏。

②琅琊王肃：王肃（464—501），字恭懿，初仕南齐，后因父兄为齐武帝所杀，乃奔北魏，受到魏孝文帝器重礼遇，为魏制定朝仪礼乐，《魏书》卷六三有传。琅琊在今山东临沂一带。

【译文】

后魏　琅琊王肃

宋^①　新安王子鸾，鸾兄豫章王子尚^②，鲍照妹令晖^③，八公山沙门昙济^④

【注释】

①宋：即南朝宋（420—479），宋武帝刘裕推翻东晋政权而建立，国号宋，都建康（今江苏南京）。

②新安王子鸾，鸾兄豫章王子尚：子鸾为南朝宋孝武帝第八子，子尚是第二子，子尚为兄，《茶经》底本此处称子尚为"鸾弟"，有误，据改。事见《宋书》卷八〇。

③鲍照妹令晖：鲍照（约415—470），南朝宋文学家，字明远。他长于乐府诗，其七言诗对唐代诗歌的发展起了很重要的作用。有《鲍参军集》。其妹令晖亦是一位优秀诗人，钟嵘在其《诗品》中对她有很高的评价，《玉台新咏》载其"著《香茗赋集》行于

世"，该集已佚，仅存书目。唐人避武则天讳，改"照"为"昭"。鲍照一说东海（今山东苍山）人，一说上党人。据今人研究考证，当为东晋侨置于江苏镇江一带的东海郡人，曾为临海王前军参军，世称鲍参军。

④八公山沙门昙济：昙济，南朝宋著名成实论师，著有《六家七宗论》，事见《高僧传》卷七，《名僧传抄》中有传。八公山在今安徽淮南。沙门，佛家指出家修行的人。

【译文】

宋　新安王子鸾，鸾兄豫章王子尚，鲍照妹令晖，八公山沙门昙济

齐①　世祖武帝②

【注释】

①齐：萧道成推翻南朝刘宋政权所建的南朝齐（479—502），都建康（今江苏南京）。南齐是南北朝四个朝代中存在时间最短的，仅有二十三年。

②世祖武帝：南朝齐国第二代皇帝萧赜，482—493年在位，在位期间劝课农桑，减免赋税，赈济穷困。注重学校教育，提倡节俭，使社会出现了相对安定的局面。事见《南齐书》卷三《武帝纪》。

【译文】

齐　世祖武帝萧赜

梁①　刘廷尉②，陶先生弘景③

【注释】

①梁：萧衍推翻南朝齐所建立的南朝梁（502—557）政权，都建康（今江苏南京）。

《神农本草经》辑佚本书影

②刘廷尉：即刘孝绰（481—539），南朝梁文学家，原名冉，小字阿士，彭城（今江苏徐州）人，廷尉是其官名。能文善草隶，号"神童"。年十四，代父起草诏诰。历官著作佐郎、秘书丞、廷尉卿、秘书监。明人辑有《刘秘书集》。《梁书》卷三三有传。

③陶先生弘景：陶弘景（456—536），南朝齐梁时期道教思想家、医学家，字通明，丹阳秣陵（今江苏江宁南）人，仕于齐，入梁后隐居于句容句曲山，自号"华阳隐居"。梁武帝每逢大事就入山就教于他，人称山中宰相。死后谥贞白先生。著有《神农本草经集注》、《肘后百一方》等。《南史》卷七六、《梁书》卷五一《处士传》中有传。

【译文】

梁　廷尉刘孝绰，贞白先生陶弘景

皇朝①　徐英公勣②

【注释】

①皇朝：指唐朝。

②徐英公勣：徐勣，即李勣（594—669），唐初名将，本姓徐，名世勣，字懋功，曾任兵部尚书，拜司空、上柱国，封英国公。唐太宗李世民赐姓李，避李世民讳改为

单名勣。《新唐书》卷六七、《旧唐书》卷
九三有传。

【译文】

唐　英国公徐勣

《神农食经》^①："茶茗久服，
令人有力、悦志。"

李世勣像

【注释】

①《神农食经》：传说为炎帝神农所
撰，实为西汉儒生托名神农氏所作，早已
失传，历代史书《艺文志》均未见记载。有
人称《汉书·艺文志》录有《神农食经》七
卷，不知何据。按：《汉书》卷三十《艺文志》载有《神农黄帝食禁》七卷一种，著者将其
归类为"经方"——汉以前临床医方著作及方剂的泛称，非"食经"。

【译文】

《神农食经》记载："长期饮茶，使人精力饱满、心情愉悦。"

周公《尔雅》^①："槚^②，苦荼。"

【注释】

①《尔雅》：中国最早的字书，共十九篇，为考证词义和古代名物的重要资料。古来
相传为周公所撰，或谓孔子门徒解释六艺之作。实际应当是由秦汉间经师学者缀辑周汉
诸书旧文，递相增益而成，非出于一手。《尔雅》既是中国古代的词典，也是儒家的经典之

茶经

周昉《调琴啜茗图》（局部）

一，列入十三经之中。

②槚（jiǎ）：茶的别名。

【译文】

周公《尔雅》记载："槚，就是苦茶。"

《广雅》云①："荆、巴间采叶作饼，叶老者，饼成，以米膏出之。欲煮茗饮，先炙令赤色，捣末置瓷器中，以汤浇覆之，用葱、姜、橘子芼之②。其饮醒酒，令人不眠。"

【注释】

①《广雅》：三国魏张揖所撰，原三卷，隋代曹宪作音释，始分为十卷，体例根据《尔雅》而内容博采汉代经书笺注及《方言》、《说文》等字书增广补充而成。隋代为避炀帝杨广名讳，改名为《博雅》，后二名并用。

②芼（mào）：拌和。

【译文】

《广雅》记载："荆州、巴州一带，采摘茶叶制成茶饼，叶子老的，做茶饼时，要加用米糊才能制成。想煮茶饮用时，先烤炙茶饼至呈现红色，捣成碎末放置瓷器中，冲入沸水浸泡。或放些葱、姜、橘子拌和着浸泡。喝了它可以醒酒，使人兴奋不想睡。"

《晏子春秋》^①:"婴相齐景公时,食脱粟之饭,炙三弋、五卵^②,茗菜而已^③。"

【注释】

①《晏子春秋》:旧题春秋晏婴撰,所述皆婴遗事,宋王尧臣等《崇文总目》卷五认为当为后人摭集而成。今凡八卷。《茶经》所引内容见其卷六内篇杂下第六,文稍异。

②三弋(yì)、五卵:弋,禽类。卵,禽蛋。三、五为虚数词,几样。

③茗菜:一般认为晏婴当时所食为苔菜而非茗饮。苔菜又称紫堇、蜀芹、楚葵,古时常吃的蔬菜。

【译文】

《晏子春秋》记载:"晏婴担任齐景公的国相时,吃的是糙米饭,和三五样禽鸟禽蛋、茶和蔬菜而已。"

司马相如《凡将篇》^①:"乌喙、桔梗、芫华、款冬、贝母、木蘗、蒌、芩草、芍药、桂、漏芦、蜚廉、藿菌、荈诧、白敛、白芷、菖蒲、芒消、莞椒、茱萸^②。"

【注释】

①《凡将篇》:汉司马相如所撰字书,约成书于公元前130年,缀辑古字为词语而没有音义训释,取开头"凡将"二字为篇名,《说文》常引其说,已佚,现有清任大椿《小学钩沉》、马国翰《玉函山房辑佚书》本。《四库总目提要》说:"(《茶经》)七之事所引多古书,如司马相如《凡将篇》一条三十八字,为他书所无,亦旁资考辨之一端矣。"

②乌喙(huì):又名乌头,毛茛科附子属。味辛、甘,温、大热,有大毒。主中风恶风等。桔梗:桔梗科桔梗属。味辛、苦,微温,有小毒。主胸胁痛如刀刺除寒热风痹,温中消

竹林煎茶图

谷等。芫（yuán）华：又作芫花，瑞香科瑞香属。味辛、苦，温、大热，有小毒。主逆咳上气。款冬：菊科款冬属。味辛、甘，温，无毒。主逆咳上气善喘。贝母：百合科贝母属。味辛、苦，平，微寒，无毒。主伤寒烦热等。木蘖（niè）：即黄蘖，芸香科黄蘖属。落叶乔木，茎可制黄色染料，树皮入药。一般用于清下焦湿热，泻火解毒，黄疸肠痔，漏下赤白，杀蛀虫，为降火与治痿要药。蒌（lóu）：即蒌菜，胡椒科土蒌藤属。蔓生有节，味辛而香。芩草：禾本科芦苇属。吴陆玑《陆氏诗疏广要》卷上之上："芩草，茎如钗股，叶如竹，蔓生，泽中下地咸处，为草真实，牛马皆喜食之。"芍药：毛茛科。味苦、辛，平，微寒，有小毒。主邪气腹痛、除血痹。漏芦：菊科漏芦属。味苦，寒，无毒。主皮肤热，下乳汁等。蜚廉：菊科飞廉属。味苦，平，无毒。主骨节热。藋（huán）菌：

味咸，甘，平，微温。有小毒。主治心痛。一名藋芦。生东海池泽及渤海章武。八月采，阴干。荈诧：双音迭词，分别代表茶名。"荈"字详《一之源》注。"诧"字在古代有多种音义，《说文》，"诧，奠爵酒也。从宀，托声。"作为用酒杯盛酒敬奉神灵解。诧，与茶音近。《集韵》、《韵会》等："诧，丑亚切，茶去声。"白敛：亦作白蔹，葡萄科葡萄属。有解热、解毒、镇痛功能。白芷：伞形科咸草属。"味辛，温。主治女人漏下赤白，血闭，阴肿等。一名芳香。生川谷。"菖（chāng）蒲：天南星科白菖属。有特种香气，根茎入药，可以健胃。芒消：即芒硝，朴硝加水熬煮后结成的白色结晶体即芒硝。消是"硝"的通假字。芒消（今作硭硝）成分是硫酸钠，白色结晶，医药上用作泻剂。莞（guān）椒：吴觉农认为恐为华椒之误，华椒即秦椒，芸香科秦椒属，可供药用。在宋代，有以椒入茶煎饮的。茱萸：植物名。香气辛烈，可入药。古俗农历九月九日重阳节，佩茱萸能祛邪辟恶。

【译文】

汉司马相如《凡将篇》在药物类中记载："乌喙、桔梗、芫华、款冬、贝母、木蘗、蒌、芩草、芍药、桂、漏芦、蜚廉、雚菌、荈诧、白敛、白芷、菖蒲、芒硝、莞椒、茱萸。"

《方言》[①]："蜀西南人谓茶曰蔎[②]。"

【注释】

①《方言》：汉扬雄所撰。该书仿《尔雅》的体例，汇集古今各地同义词语，分别注明通行范围，可见汉代语言的分布状况。按：《茶经》所引本句并不见于今本《方言》原文。

②蔎（shè）：茶的别名。

【译文】

汉扬雄《方言》记载："蜀西南人把茶称为蔎。"

扬雄像

《吴志·韦曜传》：“孙皓每飨宴，坐席无不率以七升为限，虽不尽入口，皆浇灌取尽。曜饮酒不过二升。皓初礼异，密赐茶荈以代酒。”①

【注释】

①"《吴志·韦曜传》"至"以代酒"：文见《三国志》卷六五《吴书》卷二〇，文稍异。《吴志》，当为《吴书》，西晋陈寿所撰《三国志》的一部分，计二十卷。《韦曜传》载于《三国志》卷六十五。陆羽所引，与今本有多字不同。

【译文】

《三国志·吴书·韦曜传》记载：“孙皓每次设宴，坐客人人要饮酒七升，即使不全部喝下去，也都要浇灌完毕。韦曜酒量不超过二升。孙皓当初非常尊重他，暗地里赐茶以代酒。”

《晋中兴书》①：“陆纳为吴兴太守时，卫将军谢安常欲诣纳。《晋书》云：纳为吏部尚书②。纳兄子俶怪纳无所备，不敢问之，乃私蓄十数人馔。安既至，所设唯茶果而已。俶遂陈盛馔，珍羞必具。及安去，纳杖俶四十，云：‘汝既不能光益叔父，奈何秽吾素业？’”

【注释】

①《晋中兴书》：原为八十卷，已佚，清黄奭辑存一卷，题为何法盛撰。据李延寿《南史·徐广传》附郗绍传所载，本是郗绍所著，写成后原稿被何法盛窃去，就以何的名义行于世。这一段与房玄龄《晋书·陆晔传》附陆纳传所载文字稍异，其主要不同点详下条注，其余关系不大，从略。

②纳为吏部尚书：据《晋书》卷七十七《陆晔传》附《陆纳传》载：“纳字祖言，少有清操，贞历绝俗。……（简文帝时）出为吴兴太守。……（孝武帝时）迁太常，徙吏部尚书，加奉车都尉、卫将军。谢安尝欲诣纳……”陆纳任吴兴太守是372年，迁徙吏部尚书则在

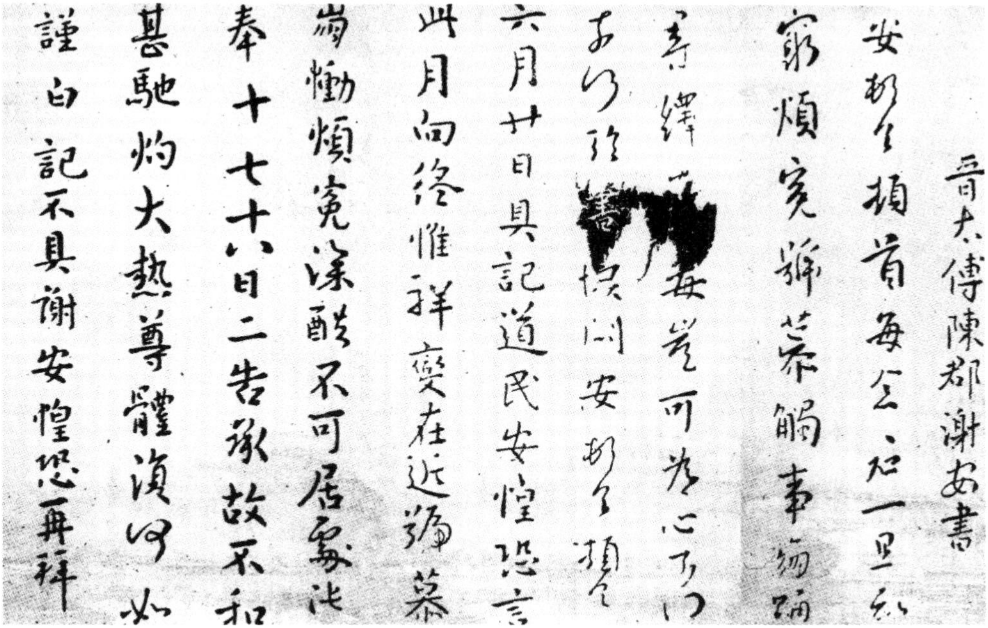

谢安书《凄闷帖》

375年或稍后，谢安才去拜访，地点在京城建业，不是吴兴。谢安当时是后将军军衔（比陆纳卫将军军衔低），到383年才拜卫将军。这些都与《晋中兴书》不同。

【译文】

　　《晋中兴书》记载："陆纳任吴兴太守时，卫将军谢安常想拜访陆纳。《晋书》说：陆纳为吏部尚书。陆纳的侄子陆俶奇怪他没什么准备，但又不敢询问，便私自准备了十多人的菜肴。谢安来后，陆纳仅仅用茶和果品招待。陆俶于是摆上丰盛的菜肴，各种精美的食物都有。等到谢安走后，陆纳打了陆俶四十棍，说：'你既然不能给叔父增光，为什么还要玷污我清白的操守呢？'"

《晋书》："桓温为扬州牧，性俭，每燕饮，唯下七奠拌茶果而已。"①

【注释】

①事见《晋书》卷九八《桓温传》，文略异。下：摆出。奠（dìng）：同"饤"，用指盛贮食物盘碗的量词。拌，通"盘"。

【译文】

《晋书》记载："桓温任扬州牧时，性好节俭，每次请客宴会，只设七盘茶果而已。"

《搜神记》①："夏侯恺因疾死。宗人字苟奴察见鬼神。见恺来收马，并病其妻。著平上帻②，单衣，入坐生时西壁大床，就人觅茶饮。"

【注释】

①《搜神记》：晋干宝撰，计三十卷，本条见其书卷十六，文稍异。宝字令升，新蔡（在今河南）人。生卒年未详。少勤学，以才器为佐著作郎，求补山阴令，迁始安太守。王导请为司徒右长史，迁散骑常侍。按：王导是在太宁三年（325）成帝即位时任司徒、录尚书事，则干宝是东晋初期人。鲁迅《中国小说史略》说："该书于神祇灵异人物变化之外，颇言神仙五行，亦偶有释氏说。"

②平上帻（zé）：魏晋以来武官所戴的一种平顶头巾，有一定的款式。

【译文】

《搜神记》记载："夏侯恺因病去世，同族人苟奴能够看见鬼神，看见夏侯恺来取马匹，使他的妻子也生了病。苟奴看见他戴着平顶头巾，穿着单衣，进屋坐到生前常坐的靠西墙的大床上，向人要茶喝。"

刘琨《与兄子南兖州刺史演书》云①："前得安州干姜一斤②，桂一斤，黄芩一斤③，皆所须也。吾体中愦闷④，常仰真茶⑤，汝可置之。"

【注释】

①刘琨：字越石，中山魏昌（今河北无极）人，晋将领、诗人。南兖州：据《晋书·地理志下》载："东晋元帝侨置兖州，寄居京口。（明帝以郗鉴为刺史，寄居广陵。）后改为南兖州，或还江南，或居盱眙，或居山阳。"因在山东、河南的原兖州已被石勒占领，东晋于是在南方侨置南兖州（同时侨置的有多处），安插北方南逃的官员和百姓。《晋书》所载刘演事迹较简略，只记载任兖州刺史，驻廪丘。刘琨在东晋建立的第二年（318）于幽州被段匹磾所害，这两年刘演尚在北方；"南"字似为后人所加，前面目录也无此字，存疑。

②安州：晋代的州，是第一级大行政区，统辖许多郡、国（第二级行政区），没有安州。晋至隋时只有安陆郡，到唐代才改称安州。今湖北安陆一带。这一段文字，恐非刘琨原文，当为人有所更改。

③黄芩：多年生草本植物。叶子对生，披针形，开淡紫色花。根黄色，中医用做清凉解热剂。

④愦（kuì）：烦闷。

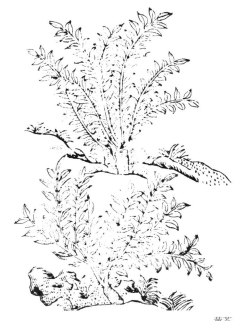

黄芩

⑤真茶：好茶，名茶。

【译文】

刘琨《与兄子南兖州刺史演书》中写道："先前收到你寄来的安州干姜一斤、桂一斤、黄芩一斤，都是我所需要的。我身体不适心情烦闷时，常常仰靠好茶来提神解闷，你可以多置办一些。"

傅咸《司隶教》曰①："闻南市有蜀妪作茶粥卖②，为廉事打破其器具③，后又卖饼于市。而禁茶粥以困蜀姥，何哉？"

【注释】

①傅咸《司隶教》曰：傅咸（239—294），字长虞，仕于晋武帝、惠帝时，历官尚书左、右丞，以议郎长兼司隶校尉等。《司隶教》，司隶校尉的指令。司隶校尉为职掌律令、举察京师百官的官职。教，古时上级对下级的一种文书名称，犹如近代的指令。

②茶粥：又称茗粥、茗糜。把茶叶与米粟、高粱、麦子、豆类、芝麻、红枣等合煮的羹汤。如唐王维《赠吴官》诗："长安客舍热如煮，无个茗糜难御暑。"储光羲《吃茗粥作》诗："淹留膳茶粥，共我饭蕨薇。"现在我国南方和日本的一些地方，仍然有这种吃法。

③廉事：不详，当为某级官吏。

【译文】

傅咸《司隶教》中说："听说南市有四川老妇煮茶粥售卖，廉事把她的器皿打破，之后她又在市中卖饼。禁卖茶粥为难四川老妇，这究竟是为什么呢？"

《神异记》①："余姚人虞洪入山采茗，遇一道士，牵三青牛，引洪至瀑布山曰：'吾，丹丘子也。闻子善具饮，常思见惠。山中有大茗，可以

相给。祈子他日有
瓯牺之余②，乞相遗
也。'因立奠祀，后
常令家人入山，获大
茗焉。"

明代金托盖白玉碗

【注释】

①《神异记》：鲁
迅《中国小说史略》曰：
"类书间有引《神异记》者，则为道士王浮作。"王浮，西晋惠帝时人。

②瓯牺（ōu suō）之余：喝不完的茶水。瓯牺，杯杓。此处指喝茶用的杯杓。瓯，杯、
碗之类的饮具。

【译文】

《神异记》记载："余姚人虞洪进山采茶，遇见一道士，牵着三头青牛。道士领着虞洪来
到瀑布山，说：'我是丹丘子，听说你善于煮茶饮，常想请你送些给我品尝。山中有大茶，可以
供你采摘。希望你日后有喝不完的茶时，能送些给我喝。'虞洪于是以茶作祭品进行祭祀，后
来经常叫家人进山，果然采到大茶。"

左思《娇女诗》①："吾家有娇女，皎皎颇白皙②。小字为纨素③，口
齿自清历④。有姊字惠芳，眉目粲如画。驰骛翔园林⑤，果下皆生摘。贪华
风雨中，倏忽数百适⑥。心为茶荈剧，吹嘘对鼎𨰃⑦。"

【注释】

①左思《娇女诗》：描写两个小女儿天真顽皮的形象。据《玉台新咏》、《太平御览》所

载，原诗共五十六句，本书所引仅十二句，陆羽不是摘录某一段落，而是将前后诗句进行拼合。个别字与前两书所载不同。左思，西晋著名文学家。

②皙（xī）：肤色白净。

③小字：一般作乳名解，但这里是指小的那个女儿名字叫纨素，与下面"其姊字蕙芳"是对称的。

④清历：分明，清楚。

⑤驰骛：奔走，奔竞。

⑥倏（shū）忽：顷刻，极短的时间。适：到，往。

⑦心为茶荈（chuǎn）剧，吹嘘对鼎䥶：因为急于要烹好茶茗来喝，于是对着锅鼎吹火。吹嘘，呼气，吹气。

【译文】

左思《娇女诗》云："我家有娇女，肤色很白净。小妹叫纨素，口齿很伶俐。姐姐叫蕙芳，眉目美如画。跑跳园林中，未熟就摘果。爱花风雨中，顷刻百进出。心急欲饮茶，对炉直吹气。"

张孟阳《登成都楼》诗云①："借问扬子舍，想见长卿庐②。程卓累千金③，骄侈拟五侯④。门有连骑客，翠带腰吴钩⑤。鼎食随时进，百和妙且殊⑥。披林采秋橘，临江钓春鱼。黑子过龙醢⑦，果馔逾蟹蝑⑧。芳茶冠六清⑨，溢味播九区⑩。人生苟安乐，兹土聊可娱。"

【注释】

①张孟阳《登成都楼》：诗名近人丁福保《全汉三国晋南北朝诗》卷四作张载《登成都白菟楼》。《晋书·张载传》：张载父张收任蜀郡（治成都）太守，载于太康初（280年）至蜀探亲，一般认为诗作于此时。原诗三十二句，陆羽仅摘录后面的一半。白菟楼又名张仪楼，即成都城西

南门城楼, 楼很高大, 临山瞰江。

②借问扬子舍, 想见长卿庐: 扬子, 对扬雄的敬称。长卿, 司马相如表字。扬雄和司马相如都是成都人。扬雄的草玄堂, 相如晚年因病不做官时住的庐舍, 都在白菟楼外不远处。两人都是西汉著名的辞赋家, 诗文描述成都地方历代人物辈出。

鎏金莲瓣银茶托

③程卓累千金: 程卓指汉代程郑和卓王孙两大富豪之家。累千金, 形容积累的财富多。汉代程郑和卓王孙两家迁徙蜀郡临邛以后, 因为开矿铸造, 非常富有。《史记·货殖列传》说卓氏之富"倾动滇蜀", 程氏则"富埒卓氏"。

④骄侈拟五侯: 说程、卓两家的骄横奢侈, 比得上王侯。五侯, 指五侯九伯之五侯, 即公、侯、伯、子、男五等爵, 亦指同时封侯五人。东汉梁冀因为是顺帝的内戚, 他的儿子和叔父五人都封为侯爵, 专权骄横达二十年, 都过着穷奢极侈的生活。一说指东汉桓帝封宦官单超、徐璜等五人为侯, "五人同日封, 世谓之五侯。自是权归宦官, 朝政日乱矣", 后以泛称权贵之家为五侯家。

⑤门有连骑客, 翠带腰吴钩: 宾客们接连地骑着马来到, 有如车水马龙。连骑, 古时主仆都骑马称为连骑, 表明这人地位高贵。翠带, 镶嵌翠玉的皮革腰带。吴钩, 即吴越之地出产的刀剑, 刃稍弯, 极锋利, 驰誉全国。

⑥鼎食随时进, 百和妙且殊: 鼎食, 古时贵族进餐, 以鼎盛菜肴, 鸣钟击鼓奏乐, 所谓"钟鸣鼎食"。时, 时节, 时新。百和, 形容烹调的佳肴多种多样。和, 烹调。殊, 不同。

⑦黑子过龙醢 (hǎi): 黑子, 未详出典, 有解作鱼子者。龙醢, 龙肉酱, 古人以为味极美, 则张载是将鱼子同龙肉酱比美。醢, 肉酱。

⑧果馔 (zhuàn): 果品与菜肴。泛指饮食。馔, 食物, 菜肴。蟹蝑 (xiè): 蟹酱。

钱选《卢仝烹茶图》

⑨芳茶冠六清：芳香的茶茗超过六种饮料。六清，六种饮料，《周礼·天官·膳夫》："饮用六清"，即水、浆、醴（甜酒）、凉（以水和酒）、医（酒的一种）、酏（去渣的粥清）。底本及诸校本皆作"六情"。六情，是人类"不学而能"的天生的六种感情，东汉班固《白虎通》卷下云："喜、怒、哀、乐、爱、恶，谓六情。"佛经则以眼、耳、鼻、舌、身、意为六情。以这些与芳香的茶茗相比拟都是不妥的。

⑩九区：即九州，古时分中国为九州，关于九州的说法不一。《书·禹贡》作冀、兖、青、徐、扬、荆、豫、梁、雍；《尔雅·释地》有幽、营州而无青、梁州；《周礼·夏官·职方》有幽、并州而无徐、梁州。后以九州泛指天下，全中国。

【译文】

张孟阳《登成都楼》诗下半首云："请问扬雄的故居在何处？司马相如的故居是哪般模样？程郑、卓王孙两大豪门积累巨富，骄横奢侈可比王侯之家。他们的门前经常有连骑而来的贵客，镶嵌翠玉的腰带上佩挂名贵的刀剑。家中钟鸣鼎食，各种各样时新的美味精妙无比。秋季走进林中采摘柑橘，春天可在江边把竿垂钓。黑子的美味胜过龙肉酱，瓜果做的菜肴鲜美胜过蟹酱。芳香的茶茗胜过各种饮料，美味盛誉传遍全天下。如果寻求人生的安乐，成都这块乐土还是能够让人们尽享欢乐的。"

傅巽《七诲》①："蒲桃宛柰②，齐柿燕栗，峘阳黄梨③，巫山朱橘，南中茶子④，西极石蜜⑤。"

【注释】

①《七诲》："七"为文体的一种，亦称七体，为赋的另一形式。南朝梁萧统《文选》列"七"为一门。近人严可均纂辑《全上三代秦汉三国六朝文》所辑《七诲》仅存片断，全文现可从日藏弘仁本唐高宗朝大型诗文总集《文馆词林》中得见。

②蒲桃、宛柰（nài）：这一段都是在食品前冠以产地。蒲，古代有几个地点，西晋的蒲阪县，属河东郡，今山西永济西。后代简称蒲者，多指此处。宛，宛县，为荆州南阳国首府，今河南南阳。柰，俗名花红，亦名沙果。据明李时珍《本草纲目》卷三〇《果部·林檎》集解：柰与林檎一类二种也，树实皆似林檎而大。按：花红、林檎、沙果实一物而异名，果味似苹果，供生食，从古代大宛国传来。

③峘（héng）阳：峘，通"恒"。恒阳有二解，一是指恒山山阳地区，一是指恒阳县，今河北曲阳。

④南中：古地区名。相当于今四川大渡河以南、贵州西部和云南全省。三国蜀汉以

钱杜《龙门茶屋图》

巴、蜀为根据地，其地在巴、蜀之南，故名。蜀诸葛亮南征后，置南中四郡，政治中心在今云南曲靖。

⑤西极：西向极远之处。一说是今甘肃张掖一带，一说泛指今我国新疆及中亚一带。石蜜：一说是用甘蔗炼糖，成块者即为石蜜。一说是蜂蜜的一种，采于石壁或石洞的叫做石蜜。

【译文】

傅巽《七诲》记载："山西的桃子，河南的苹果，齐地的柿子，燕地的板栗，恒阳的黄梨，巫山的红橘，南中的茶子，西极的石蜜。"

弘君举《食檄》："寒温既毕①，应下霜华之茗②；三爵而终③，应下诸蔗、木瓜、元李、杨梅、五味、橄榄、悬豹、葵羹各一杯④。"

【注释】

①寒温：寒暄，问寒问暖。多指宾主见面时谈天气冷暖起居之类的应酬话。

②霜华之茗：茶沫白如霜花的茶饮。

③三爵：喝了三杯酒。爵，古代盛酒器，三足两柱，此处作为饮酒计量单位。

④诸蔗：甘蔗。元李：大李子。悬豹：吴觉农以为似为"悬钩"形近之误。悬钩，山莓的别名，又称木莓，蔷薇科，茎有刺如悬钩，子酸美，人多采食。葵羹：绵葵科冬葵，茎叶可煮羹饮。

【译文】

弘君举《食檄》说："见面寒暄应酬之后，应该先喝沫白如霜的好茶；酒过三巡，应该再陈上甘蔗、木瓜、元李、杨梅、五味、橄榄、悬豹、葵羹各一杯。"

孙楚《歌》①："茱萸出芳树颠，鲤鱼出洛水泉。白盐出河东②，美豉出鲁渊③。姜、桂、茶荈出巴蜀，椒、橘、木兰出高山。蓼苏出沟渠④，精稗出中田⑤。"

【注释】

①孙楚《歌》：此《歌》已散佚，歌题不详，明人张溥《汉魏六朝三百家集》所编《孙冯翊集》中未有收录。近人丁福保《全汉三国晋南北朝诗》之《全晋诗》卷四收录，题名曰"出歌"。

②白盐出河东：河东，晋代郡名，在今山西西南。境内解州（今山西运城西南）、安邑（今山西运城东北）均产池盐，解盐在我国古代既著名又重要。

③鲁渊：鲁，今山东西南部。渊，湖泽，鲁地多湖泽。

④蓼（liǎo）：一年生或多年生草本植物，有水蓼、红蓼、刺蓼等。味辛，又名辛菜，可作调味用，古时常作烹饪佐料。苏：宋罗愿《尔雅翼》卷七："叶下紫色而气甚香，今俗呼为紫苏。煮饮尤胜。取子研汁煮粥良。长服令人肥白、身香。亦可生食，与鱼肉作羹。"

⑤精稗（bài）出中田：稗，精米。中田，倒装词，即田中。

【译文】

孙楚《歌》云："茱萸出佳木顶，鲤鱼产在洛水泉。白盐出产于河东，美豉出于鲁地湖泽。姜、桂、茶荈出产于巴蜀，椒、橘、木兰出产在高山。蓼苏生长在沟渠，精米出

华佗像

产于田中。"

华佗《食论》^①："苦茶久食，益意思。"

【注释】

①华佗（约141—208）：字元化，今安徽亳州人，医术高明，是东汉末年著名的医家。《三国志·魏书》有传。《食论》：不详。

【译文】

华佗《食论》说："长期饮茶，能增益思维能力。"

壶居士《食忌》^①："苦茶久食，羽化^②；与韭同食，令人体重。"

壶公像

【注释】

①壶居士：又称壶公，道家人物，据说他在空室内悬挂一壶，晚间即跳入壶中，别有天地。《食忌》：壶居士著，具体不详。本条宋叶廷珪《海录碎事》卷六所引有所不同："茶久食羽化。不可与韭同食，令耳聋。"

②羽化：羽化登仙。道家所言修炼成正果后的一种状态。

【译文】

壶居士《食忌》说："长期饮茶，能使人飘飘欲仙；茶与韭菜同时吃，会使人体重增加。"

郭璞《尔雅注》云①:"树小似栀子,冬生叶可煮羹饮②。今呼早取为茶,晚取为茗,或一曰荈③,蜀人名之苦茶。"

【注释】

①郭璞:字景纯,东晋著名学者,博洽多闻,曾为《尔雅》、《楚辞》等书作注。

②冬生叶:茶为常绿树,立冬后,在适当的地理、气候条件下,仍然萌发芽叶。《旧唐书·文宗本纪》:"吴、蜀贡新茶,皆于冬中作法为之。"

③荈(chuǎn):茶的别名。

【译文】

郭璞《尔雅注》说:"茶树小如栀子,冬季叶不凋零,所生叶可煮羹汤饮用。现在把早采的叫做茶,晚采的叫做茗,或者叫做荈,蜀地的人称之为苦茶。"

《世说》①:"任瞻,字育长,少时有令名②,自过江失志③。既下饮,问人云:'此为茶?为茗?'觉人有怪色,乃自申明云:'向问饮为热为冷。'"

【注释】

①《世说》:南朝宋临川王刘义庆等著,计八卷,梁刘孝标作注,增为十卷,见《隋书·经籍志》。后不知何人增加"新语"二字,唐后期王方庆有《续世说新书》。现存三卷是北宋晏殊所删定。内容主要是拾掇汉末至东晋的士族阶层人物的遗闻轶事,尤详于东晋。这一段载于《纰漏第三十四》,陆羽有删节。

②少时有令名:令名,美好的声誉。这段原文前面说任瞻:"一时之秀彦","童少

时，神明可爱"。

③自过江失志：西晋被刘聪灭亡后，司马睿在南京建立东晋王朝，西晋旧臣多由北方
渡过长江投靠东晋，任瞻也随着过江，丞相王敦在石头城（今南京西北）迎接，并摆设茶
点欢迎。失志，恍恍惚惚，失去神智。

【译文】

《世说》记载："任瞻，字育长，年少时有美好的声誉，自从过江南渡有点恍恍惚惚失去
神智。一次饮茶的时候，他问人说：'这是茶，还是茗？'当看到别人奇怪不解的神情时，便自
己辩别说：'刚才问的是茶是热还是冷。'"

《续搜神记》①："晋武帝世②，宣城人秦精，常入武昌山采茗③。遇
一毛人，长丈余，引精至山下，示以丛茗而去。俄而复还，乃探怀中橘以
遗精。精怖，负茗而归。"

晋武帝像

【注释】

①《续搜神记》：又名《搜神后记》，据
《四库总目提要》说："旧本题晋陶潜撰。明
沈士龙《跋》谓：'潜卒于元嘉四年，而此有
十四、十六两年事。《陶集》多不称年号，以干
支代之，而此书题永初、元嘉，其为伪托。固
不待辩。'"鲁迅在《中国小说史略》中也说，
陶潜性情豁达，不致著这种书。《隋书·经籍
志》已载有此书，当是陶潜以后的南朝人伪
托。这一段陆羽有较大的删节。

②晋武帝：晋开国君主司马炎（236—

290），司马昭之子。昭死，继位为晋王，后魏帝让位，乃登上帝位，建都洛阳，灭吴，统一中国，在位二十六年。

③武昌山：宋王象之《舆地纪胜》卷八一："武昌山，在本（武昌）县南百九十里。高百丈，周八十里。旧云，孙权都鄂，易名武昌，取以武而昌，故因名山。《土俗编》以为今县名疑因山以得之。"

【译文】

《续搜神记》记载："晋武帝时，宣城人秦精，经常进入武昌山采茶。遇见一个毛人，一丈多高，领他到山下，把茶树丛指给他看后离开。过了一会儿又回来，从怀中拿出橘子送给秦精。秦精很害怕，赶紧背着茶叶返回。"

《晋四王起事》①："惠帝蒙尘还洛阳②，黄门以瓦盂盛茶上至尊③。"

【注释】

①《晋四王起事》：南朝卢琳撰，计四卷。又撰有《晋八王故事》十二卷。《隋书》卷三十三《经籍志》著录。后散佚，清黄奭辑存一卷，题为《晋四王遗事》。

②惠帝蒙尘还洛阳：蒙尘，蒙受风尘，皇帝被迫离开宫廷或遭受险恶境况，称蒙尘。房玄龄《晋书·惠帝本纪》载，永宁元年（301），赵王伦篡位，将惠帝幽禁于金镛城。齐王冏、成都王颖、河间王颙、常山王乂四王同其他官员起兵声讨赵王伦。经三个月的战争，击垮赵王伦，齐王等用辇舆接惠帝回洛阳宫中。

③黄门以瓦盂盛茶上至尊：黄门，有官员和宦官，这里当指宦官。瓦盂，以土烧制的粗

日本染付松竹梅图茶碗

碗。至尊，皇帝。现已无从查知《晋四王起事》中惠帝用瓦盂喝茶的记载。但在赵王伦之乱三年后（304）的八王之乱时，《晋书》有惠帝用瓦器饮食的记载。惠帝单车奔洛阳，途中到获嘉县，"市籴米饭，盛以瓦盆，帝啜两盂"。

【译文】

《晋四王起事》记载："（赵王之乱时）惠帝逃难到外面，再回到洛阳时，黄门用粗陶碗盛着茶献给他喝。"

《异苑》①："剡县陈务妻，少与二子寡居，好饮茶茗。以宅中有古冢，每饮辄先祀之。二子患之曰：'古冢何知？徒以劳意。'欲掘去之。母苦禁而止。其夜，梦一人云：'吾止此冢三百余年，卿二子恒欲见毁，赖相保护，又享吾佳茗，虽潜壤朽骨，岂忘翳桑之报②。'及晓，于庭中获钱十万，似久埋者，但贯新耳。母告二子，惭之，从是祷馈愈甚③。"

【注释】

①《异苑》：志怪小说及人物异闻集，南朝刘敬叔（390—470）撰。刘敬叔在东晋末为南平国（今湖北江陵一带）郎中令，刘宋时任给事黄门郎。此书现存十卷，已非原本。

②翳桑之报：春秋时晋国大臣赵盾在翳桑打猎时，遇见了一个名叫灵辄的饥饿垂死之人，赵盾很可怜他，亲自给他吃饱食物。后来晋灵公埋伏了很多甲士要杀赵盾，突然有一个甲士倒戈救了赵盾。赵盾问及原因，甲士回答他说："我是翳桑的那个饿人，来报答你的一饭之恩。"事见《左传·宣公二年》。

③馈（kuì）：赠送，进食于人。

【译文】

《异苑》记载："剡县陈务的妻子，青年时就带着两个儿子守寡，喜欢饮茶。因为住处有一古墓，每次饮茶时总先奉祭它。两个儿子对此感到很厌烦，说：'古墓知道什么？这么做真是白花力气！'想把古墓挖掉。母亲苦苦相劝，得以制止。当夜，母亲梦见一人说：'我住在这墓里三百多年了，你的两个儿子总要毁掉它，幸亏你保护，又让我享用好茶，我虽然是地下的朽骨，但不会忘记你的恩情不报。'天亮后，在院子里得到了十万铜钱，看起来像是埋在地下很久，只有穿钱的绳子是新的。母亲把这件事告诉两个儿子，他们都感到很惭愧，从此更加诚心地以茶祭祷。"

《广陵耆老传》①："晋元帝时有老姥②，每旦独提一器茗，往市鬻之③，市人竞买。自旦至夕，其器不减，所得钱散路傍孤贫乞人，人或异之。州法曹絷之狱中④。至夜，老姥执所鬻茗器，从狱牖中飞出⑤。"

王问《煮茶图》（局部）

【注释】

①《广陵耆老传》：作者及年代不详。

②晋元帝：东晋第一代皇帝司马睿（317—323年在位），317年为晋王，318年晋愍帝在北方被匈奴所杀，司马睿在王氏世家支持下在建业称帝，改建业为建康。

③鬻（yù）：卖。

④絷（zhí）：拘捕。

⑤牖（yǒu）：窗户。

【译文】

《广陵耆老传》记载："晋元帝时，有一老妇人，每天早晨独自提着一器皿的茶，到市上去卖。市里的人争着买她的茶。从早到晚，器皿中的茶不减少。她把赚得的钱分送给路旁的孤儿、穷人和乞丐。有人对她的行为感到不可思议，向官府报告，州的官吏把她捆送监狱。到了夜晚，老妇人手提卖茶的器皿，从监狱窗口飞了出去。"

《艺术传》①："敦煌人单道开，不畏寒暑，常服小石子。所服药有松、桂、蜜之气，所饮茶苏而已②。"

【注释】

①《艺术传》：指房玄龄《晋书》卷九五《艺术列传》，陆羽引文不是照录原文，文字也略有出入。

②茶苏：中华书局本《晋书》作"荼苏"。

【译文】

《晋书·艺术传》记载："敦煌人单道开，不怕严寒和酷暑，经常服食小石子。所服药有松、桂、蜜的香气，所饮用的只是茶饮和紫苏而已。"

释道说《续名僧传》^①："宋释法瑶，姓杨氏，河东人。元嘉中过江^②，遇沈台真^③，请真君武康小山寺，年垂悬车^④，饭所饮茶。大明中^⑤，敕吴兴礼致上京，年七十九。"

【注释】

①释道说《续名僧传》：《新唐书·艺文志》记录自晋至唐代有《高僧传》、《续高僧传》数种，此处名称略异，不知《续名僧传》是否其中一种。《续高僧传》卷二十五有释道悦传，道悦652年仍在世。释道说原本作"释道该说"，"该"当为衍字。说、悦二字通。

②元嘉：南朝宋文帝年号，共三十年，424—453年。

③沈台真：沈演之（397—449），字台真，南朝宋吴兴郡武康（今德清）人。生于晋安帝隆安元年，卒于宋文帝元嘉二十六年。家世为将，"折节好学，读老子日百遍，以义理业尚知名"。《宋书》卷六十三有传。

④年垂悬车：典出西汉刘安《淮南子·天文训》："爰止羲和，爰息六螭，是谓悬

阎立本《萧翼赚兰亭图》
　　该图描绘唐太宗派遣监察御史萧翼到会稽骗取辨才和尚宝藏之王羲之书《兰亭序》真迹的故事。

车。"悬车原指黄昏前的一段时间。又指人年七十岁退休致仕。元嘉二十六年（449），沈演之卒时方五十余岁，则悬车是指当时法瑶的年龄接近七十岁。据此，后文言法瑶七十九岁时的"永明中"时间当有误，当是据《梁高僧传》卷七所言此事发生在大明六年（462）。

⑤大明：南朝宋孝武帝年号，共八年，即457—464年。底本原作"永明"，永明为南朝齐武帝年号，共十一年，即483—493年。

【译文】

释道说《续名僧传》记载："南朝宋时的和尚法瑶，本姓杨，河东人。元嘉年间过江，遇见了沈演之，请沈演之到武康小山寺。这时法瑶已年近七十，拿饮茶当饭。大明年间，南朝宋孝武帝诏令吴兴官吏将法瑶礼送进京，那时他年纪为七十九。"

宋《江氏家传》①："江统，字应元，迁愍怀太子洗马②，常上疏。谏云：'今西园卖醯、面、蓝子、菜、茶之属③，亏败国体。'"

【注释】

①宋《江氏家传》：南朝宋江饶撰，共七卷，今已散佚。

②愍怀太子：晋惠帝庶长子司马遹，惠帝即位后，立为皇太子。年长后不好学，不尊敬保傅，屡缺朝觐，与左右在后园嬉戏。常于东宫、西园使人杀猪、沽酒或做其他买卖，坐收其利。元康元年（300），被惠帝贾后害死，年二十一。事见《晋书》卷五三。洗马：官名，汉沿秦置，为东宫官属，职如谒者，太子出则为前导。晋时改掌图籍，隋改司经局洗马，至清末废。

③醯（xī）：醋。

【译文】

宋《江氏家传》记载："江统，字应元。升任愍怀太子洗马，经常上疏。曾经劝谏道：'现在西园里面卖醋、面、蓝子、菜、茶之类的东西，有损国家体统。'"

　　《宋录》^①："新安王子鸾、豫章王子尚诣昙济道人于八公山，道人
设茶茗。子尚味之曰：'此甘露也，何言茶茗？'"

【注释】

　　①《宋录》：周靖民言为南朝齐王智深撰，不知何据。检《南齐书》、《南史》等书，
皆言智深撰《宋纪》。又《茶经述评》称《隋书·经籍志》著录《宋录》，亦遍检不见。布
目潮沨言《宋录》或为南朝梁裴子野《宋略》之误。按：《旧唐书》卷四六著录"《宋拾遗
录》十卷，谢绰撰"，未知是否为其略称。

【译文】

　　《宋录》记载："新安王刘子鸾、豫章王刘子尚到八公山拜访昙济道人，昙济设茶招
待。子尚品尝后说：'这是甘露啊，怎么能说是茶呢？'"

　　　王微《杂诗》^①："寂寂掩高阁，寥寥空广厦。待君竟不归，收领今
就槚^②。"

【注释】

　　①王微（415—443）：南朝宋
琅玡临沂（今山东临沂）人，字景
玄，"少好学，无不通览，善属文，
能书画，兼解音律、医方、阴阳、
术数"。南朝宋文帝（424—453年
在位）时，曾为人荐任中书侍郎、
吏部郎等，皆不愿就。死后追谥秘
书监。《宋书》卷六二有传。王微有

品茶

《杂诗》二首，《茶经》所引为第一首。按：本篇最初所列人名总目中漏列王微名。

②"寂寂"四句：《玉台新咏》及《全汉三国晋南北朝诗》载该诗共计二十八句，陆羽节录最后四句。文字略有不同，如"高阁"作"高门"，"收领"作"收颜"。全诗描写一个采桑妇女，怀念从征多年的丈夫久久不归，最后只好寂寞地掩上高阁之门，孤苦伶仃地守着广厦。如果征夫再不回来，她将容颜苍老地就槚了。"就槚（jiǎ）"有二解：一是说喝茶，一是行将就木之就槚。

【译文】

王微《杂诗》云："静静关上楼阁的门，孤单一人守着空空的大屋子。等着你最终却不回来，只得失望地去饮茶。"

鲍照妹令晖著《香茗赋》①。

【注释】

①鲍照：南朝宋文学家。

【译文】

鲍照的妹妹鲍令晖写了篇《香茗赋》。

南齐世祖武皇帝遗诏①："我灵座上慎勿以牲为祭②，但设饼果、茶饮、干饭、酒脯而已。"

【注释】

①南齐世祖武皇帝遗诏：《南齐书》卷三载南朝齐武帝萧赜于永明十一年（493）七月临死前所写此遗诏，文字略有不同。

②灵座：指新丧落葬，供神主的几筵。

【译文】

南齐世祖武皇帝的遗诏曰："我的灵座上一定不要杀牲作祭品,只须供上饼果、茶饮、干饭、酒脯就可以了。"

梁刘孝绰《谢晋安王饷米等启》①:"传诏李孟孙宣教旨②,垂赐米、酒、瓜、笋、菹、脯、酢、茗八种③。气苾新城,味芳云松④。江潭抽节,迈昌荇之珍⑤;疆埸擢翘,越茸精之美⑥。羞非纯束野麐,裛似雪之驴⑦。鲊异陶瓶河鲤⑧,操如琼之粲⑨。茗同食粲⑩,酢类望柑⑪。免千里宿舂,省三月粮聚⑫。小人怀惠,大懿难忘⑬。"

【注释】

①晋安王:即南朝梁武帝第二子萧纲(503—551),初封为晋安王,长兄昭明太子萧统于中大通三年(531)卒后,继立为皇太子,后登位,称简文帝,在位仅二年。启:古时下级对上级的呈文、报告。这里是刘孝绰感谢晋安王萧纲颁赐米、酒等物品的回呈,事在531年以前。

②传诏:官衔名,有时专设,有时临事派遣。

③菹(zū):腌菜,肉酱。酢(cù):古"醋"字,酸醋。

④气苾(bì)新城,味芳云松:新城的米非常芳香,香高入云。苾,芳香。新城,历史上有多处,布目潮沨解为浙江新城县(在今浙江杭州富阳),这里所产米质很好,且唐欧阳询《艺文类聚》卷八五载有梁庾肩吾《谢湘东王赍米启》"味重新城,香逾涝水",可见当时新城米颇有名。云松,形容松树高耸入云。

⑤江潭抽节,迈昌荇之珍:前句指竹笋,后句说菹的美好。迈,越过。昌,通"菖",香菖蒲,古时有做成干菜吃的。荇,多年生水草,龙胆科荇属,古时常用的蔬菜。

⑥疆埸(yì)擢翘,越茸精之美:田园摘来的最好的瓜,特别的好。疆埸,田地的边

白釉莲托把杯

界，大界叫疆，小界叫場。擢，拔，这里作摘取解。翘，翘首，超群出众。茸精，加倍的好。茸，重叠，累积。

⑦羞非纯(tún)束野麇(jūn)，裹(yì)似雪之驴：送来的肉脯，虽然不是白茅包扎的獐鹿肉，却是包裹精美的雪白干肉脯。典出《诗经·召南·野有死麇》："野有死麇，白茅纯束。"羞，珍馐，美味的食品。纯，包束。麇，同"麏"，獐子。裹，缠裹。

⑧鲊(zhǎ)异陶瓶河鲤：鲊，腌制的鱼或其他食物。河鲤，《诗经·陈风》："岂食其鱼，必河之鲤。"黄河出产的鲤鱼，味鲜美。

⑨操如琼之粲：馈赠的大米像琼玉一样晶莹。操，拿着。琼，美玉。粲，上等白米，精米。

⑩茗同食粲：茶和精米一样的好。

⑪酢(cù)类望柑：柑，柑橘。馈赠的醋像看着柑橘就感到酸味一样的好。

⑫免千里宿舂，省三月粮聚：这是刘孝绰总括地说颁赐的八种食品可以用好几个月，不必自己去筹措收集了。千里、三月是虚数词，未必恰如其数。典出《庄子·逍遥游》："适百里者宿舂粮，适千里者三月聚粮。"

⑬懿(yì)：美、善。

【译文】

梁刘孝绰《谢晋安王饷米等启》呈文中说："传诏李孟孙宣布了您的告谕，赏赐给我米、酒、瓜、笋、菹、脯、酢、茗等八种食品。新城的米非常芳香，香高入云。水边初生的竹笋，鲜美胜过香菖蒲、荇菜。田里摘来最好的瓜，加倍的美味。肉脯虽然不是白茅包扎的獐鹿肉，却是包裹精美雪白的干肉脯。白茅束捆的野鹿虽好，哪及您惠赐的肉脯？腌鱼比陶瓶里装的黄河鲤鱼更加美味,馈赠的大米像琼玉一样晶莹。茶和精米一样的好,馈赠的醋像看着柑橘就感到酸味一样的好。您赏赐的这八种食物如此丰富,使我好长时间都不必自己去筹措收集了。我记着您的恩惠,您的大德我永远难忘。"

陶弘景《杂录》[1]:"苦茶轻身换骨,昔丹丘子、黄山君服之。"

【注释】

[1]《杂录》:是书不详。《太平御览》卷八六七所引称陶氏此书为《新录》。

【译文】

陶弘景《杂录》说:"苦茶能使人轻身换骨,从前丹丘子、黄山君都饮用它。"

《后魏录》:"琅琊王肃仕南朝,好茗饮、莼羹[1]。及还北地,又好羊肉、酪浆。人或问之:'茗何如酪?'肃曰:'茗不堪与酪为奴。'"

【注释】

[1]莼(chún)羹:莼菜做的羹。莼乃水莲科莼属,春夏之际,其叶可食用。

【译文】

《后魏录》记载:"琅琊人王肃在南朝做官时,喜欢饮茶,喝莼菜羹。等到回到北方,又喜欢吃羊肉,喝羊奶。有人问他:'茶比奶酪怎么样?'王肃说:'茶无法和奶酪相比,只配给奶酪做奴仆。'"

《桐君录》[1]:"西阳、武昌、庐江、晋陵好茗[2],皆东人作清茗[3]。茗有饽,饮之宜人。凡可饮之物,皆多取其叶。天门冬、拔揳取根[4],皆益人。又巴东别有真茗茶[5],煎饮令人不眠。俗中多煮檀叶并大皂李作茶[6],并冷[7]。

又南方有瓜芦木，亦似茗，至苦涩，取为屑茶饮，亦可通夜不眠。煮盐人但资此饮，而交、广最重⑧，客来先设，乃加以香芼辈⑨。"

【注释】

①《桐君录》：全名为《桐君采药录》，或简称《桐君药录》，药物学著作，南朝梁陶弘景《本草序》中载有此书："又有《桐君采药录》，说其花叶形色，《药对》四卷，论其佐使相须。"当成书于东晋（4世纪）以后，5世纪以前。陆羽将其列在南北朝各书之间。

②西阳：西晋时有西阳县，为弋阳郡治，在今河南光山西。观本节七个地名都是郡国或州名，则此西阳当为西阳国，西晋元康（291—299）初分弋阳郡置，属豫州，治所在西阳县（今河南光山西南）。永嘉（307—312）后与县同移治今湖北黄州东，东晋改为西阳郡。武昌：郡名，三国吴分江夏郡六县置，属荆州，治所武昌县（今湖北鄂州），旋改江夏郡。西晋太康（280—289）初又改为武昌郡。东晋属江州，南朝宋属郢州。庐江：庐江郡，楚汉之际分九江郡置，汉武帝后治舒（今安徽庐江西南三十里城池乡），东汉末废。三国魏置庐江郡属扬州，治六安县（在今安徽六安北十里城北乡）。三国吴所置庐江郡治皖县（今潜山）。西晋时将魏、吴所置二郡合并，移治舒县（今安徽舒城）。南朝宋属南豫州，移治灊（今安徽霍山东北）。南朝齐建元二年（480）移治舒县。南朝梁移治庐江县（今安徽庐江），属湘州。晋陵：郡名。西晋永嘉五年（311）因避讳

天门冬

改毗陵郡置，属扬州，治丹徒（今江苏丹徒南丹徒镇）。东晋太兴初（318）移治京口（今江苏镇江），义熙九年（413）移治晋陵县（今江苏常州）。辖境相当于今江苏镇江、常州、无锡、丹阳、武进、江阴、金坛等市县。南朝宋元嘉八年（431）改属南徐州。

③清茗：不加葱、姜等佐料的清茶。

④天门冬：多年生草本植物，可药用，去风湿寒热，杀虫，利小便。拔揳：别名金刚骨、铁菱角，属百合科，多年生草本植物，根状茎可药用，能止渴，治痢。

⑤巴东：郡名，东汉建安六年（201）改永宁郡置，属益州，治鱼腹（今重庆奉节东），辖境相当于今重庆万州、开县、云阳、巫溪等区县。

⑥大皂李：即皂荚，其果、刺、子皆入药。

⑦并冷：《本草纲目》引作"并冷利"，清凉爽口的意思。

⑧交、广：交州和广州。据《晋书·地理志下》载：交州东汉建安八年（203）始置，吴黄武五年（226）割南海、苍梧、郁林三郡立广州，交趾、日南、九真、合浦四郡为交州。及孙皓，又立新昌、武平、九德三郡，交州统郡七，治龙编县（今越南河内东）。辖境相当于今广西钦州地区、广东雷州半岛，越南北部、中部地区。

⑨香芼（mào）辈：各种芳香佐料。

【译文】

《桐君录》记载："西阳、武昌、庐江、晋陵等地人都喜欢饮茶，有客人来时主人会用清茶招待。茶有汤花浮沫，喝了对人有益。凡是可作饮料的植物，大都是采用它的叶子，而天门冬、拔揳却是用其根，都对人有益。此外，巴东地区另有一种真正的好茶，煮饮后能使人不睡。另有一种习俗是把檀木叶和大皂李叶煎煮当茶饮，两者都很清凉爽口。还有

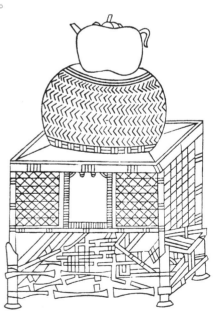

苦节君像（竹炉）

南方的瓜芦树，也很像茶，味道非常苦涩，采来加工成末当茶一样煎煮了喝，也可以使人整夜不睡。煮盐的人全靠喝这种茶饮，而交州和广州一带最重视这种茶饮，客人来了都先用它来招待，还会在其中添加各种芳香佐料。"

《坤元录》①："辰州溆浦县西北三百五十里无射山②，云蛮俗当吉庆之时，亲族集会歌舞于山上。山多茶树。"

【注释】

①《坤元录》：《宋史·艺文志》记其为唐魏王李泰撰，共十卷。宋王应麟《玉海》卷十五认为此书"即《括地志》也，其书残缺，《通典》引之"。

②辰州：唐时属江南道，唐武德四年（611）置，五年分辰溪置溆浦。今湖南仍有溆浦县。无射山：无射，东周景王时的钟名，可能此山像钟而名。

【译文】

《坤元录》记载："辰州溆浦县西北三百五十里，有无射山，当地土人风俗，每逢吉庆的时日，亲族都到山上集会歌舞。山上有很多茶树。"

《括地图》①："临蒸县东一百四十里有茶溪②。"

【注释】

①《括地图》：当为《括地志》，宋王应麟《玉海》卷十五认为是同一书。按：本条内容《太平御览》卷八六七引作《括地图》，南宋王象之《舆地纪胜》卷五十五引作《括地志》。《括地志》，唐魏王李泰命萧德言、顾胤等四人撰，贞观十五年（641）撰毕，表上唐太宗。计五百五十卷，《序略》五卷。

②临蒸县：原本作"临遂县"，查历代中国无这一县名。南宋王象之《舆地纪胜》卷

五十五引作《括地志》："临蒸县百余里有茶溪"，据改。《旧唐书》卷十记载：吴分蒸阳立临蒸县，隋改为衡阳县，唐初武德四年复为临蒸，开元二十年（732）再改称衡阳县，为衡州州治所。

【译文】

《括地图》记载："临蒸县东面一百四十里处，有茶溪。"

山谦之《吴兴记》："乌程县西二十里，有温山①，出御荈。"

【注释】

①乌程县：吴兴郡治所在，在今浙江湖州。温山：在市北郊区白雀乡与龙溪交界处。

【译文】

山谦之《吴兴记》记载："乌程县西二十里有温山，出产上贡的御茶。"

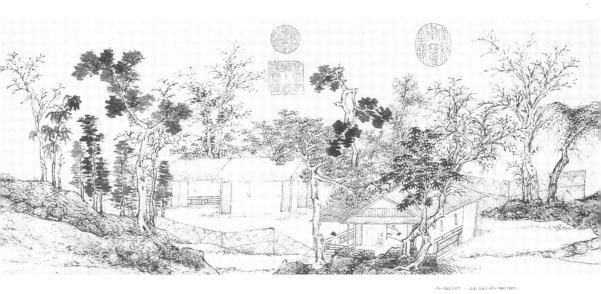

《夷陵图经》①："黄牛、荆门、女观、望州等山②，茶茗出焉。"

【注释】

①《夷陵图经》：夷陵，郡名，隋大业三年（607）改峡州置，治夷陵县（今湖北宜昌西北）。辖境相当于今湖北宜昌、枝城、远安等市县。唐初改为峡州，天宝间改夷陵郡，乾元初复改峡州。

②黄牛：黄牛山，南朝宋盛弘之《荆州记》云："南岸重岭迭起，最大高岸间，有石色如人负刀牵牛，人黑牛黄，成就分明。"故名。即西陵峡上段空岭滩南岸。荆门：荆门山，魏郦道元《水经注》卷三四："江水束楚荆门、虎牙之间，荆门山在南，上合下开，若门。"女观：女观山，魏郦道元《水经注》卷三四："（宜都）县北有女观山，厥处高显，回眺极目。古老传言，昔有思妇，夫官于蜀，屡愆秋期，登此山绝望，忧感而死，山木枯悴，鞠为童枯，乡人哀之，因名此山为女观焉。"望州：望州山，在东湖县（今宜昌）西，即今西陵山，在宜昌南津关附近，西陵峡出口处北岸。登山顶可以望见归、峡两州，故名。

【译文】

《夷陵图经》记载："黄牛、荆门、女观、望州等山，都出产茶叶。"

《永嘉图经》①："永嘉县东三百里有白茶山②。"

【注释】

①《永嘉图经》：隋唐时期的温州地方志，本书已散佚。

②永嘉：永嘉郡，东晋太宁元年（323）分临海郡置，治永宁县（今浙江温州），隋开皇九年（589）废，唐天宝初改温州复置，乾元元年（758）又废。永嘉县，隋开皇九年改永宁县置，唐高宗上元二年（675）为温州治。《光绪永嘉县志》卷二《舆地志·山川》："茶山，在城东南二十五里，大罗山之支。（谨按：《通志》载'白茶山'，

《茶经》：'《永嘉图经》：县东三百里有白茶山'，而里数不合，旧府县志亦未载，附识俟考。)"

【译文】

　　《永嘉图经》记载："永嘉县以东三百里有白茶山。"

　　《淮阴图经》①："山阳县南二十里有茶坡。"

【注释】

　　①淮阴：楚州淮阴郡，治山阳县（在今江苏淮安）。

【译文】

　　《淮阴图经》记载："山阳县以
南二十里有茶坡。"

　　《茶陵图经》云："茶陵
者①，所谓陵谷生茶茗焉。"

【注释】

　　①茶陵：县名，西汉武帝封
长沙王子刘䜣为侯国，后改为县，
属长沙国，治所在今湖南茶陵县
东七十里古营城。东汉属长沙郡。
三国属湘东郡。隋废。唐圣历元年
（698）复置，属衡州，移治今湖南
茶陵县。以南临茶山得名。

顾氏画谱之一

【译文】

《茶陵图经》说："茶陵，就是陵谷中生长着茶的意思。"

《本草·木部》①："茗，苦茶。味甘苦，微寒，无毒。主瘘疮②，利小便，去痰渴热，令人少睡。秋采之苦，主下气消食。"注云："春采之。"

【注释】

①《本草·木部》：《茶经》中所引《本草》为徐勣、苏敬（宋代避讳改其名为"恭"）等修订的《新修本草》。唐高宗显庆二年（657），采纳苏敬的建议，诏命长孙无忌、苏敬、吕才等二十三人在《神农本草经》及其《集注》的基础上进行修订，以英国公徐勣为总监，显庆四年（659）编成，颁行全国，是我国第一部由国家颁行的药典，全书共五十四卷。后世又称《唐本草》，或《唐英公本草》。

②瘘（lòu）：瘘管，人体内因发生病变久则成脓而溃漏生成的管子。疮：疮疖，多发生溃疡。

【译文】

《本草·木部》记载："茗，就是苦茶。味甘苦，性微寒，无毒。主治瘘疮，利尿，去痰，解渴，散热，使人少睡。秋天采摘的味苦，能通气，助消化。"原注说："春天采茶。"

《本草·菜部》①："苦菜，一名茶②，一名选③，一名游冬④，生益州川谷⑤，山陵道傍，凌冬不死。三月三日采，干。"注云⑥："疑此即是今茶，一名茶，令人不眠。"《本草》注⑦："按《诗》云'谁谓茶苦'⑧，又云'堇茶如饴'⑨，皆苦菜也。陶谓之苦茶，木类，非菜流。茗春采，谓之苦搽_{途遐反}。"

【注释】

①《本草·菜部》：指唐《新修本草·菜部》。

②一名茶：苦菜在古代本来叫"茶"，《尔雅·释草》"茶，苦菜"。

③选：植物名，不详何解。

④游冬：苦菜，因为在秋冬季低温时萌发，经过春季至夏初成熟，所以别名"游冬"。

天目盏

北宋陆佃《埤雅》卷一七《释草》云："茶，苦菜也。苦菜，生于寒秋，经冬历春，至夏乃秀。《月令》：'孟夏苦菜秀'，即此是也。此草凌冬不凋，故一名游冬。"

⑤益州：隋蜀郡，唐武德元年（618）改为益州，天宝初又改为蜀郡，至德二载（757）改为成都府。即今四川成都。

⑥注云："注云"以上是《唐本草》照录《神农本草经》的原文，"注云"以下是陶弘景《神农本草经集注》文字。

⑦《本草》注：是《唐本草》所作的注。

⑧谁谓茶苦：出自《诗经·邶风·谷风》："谁谓茶苦，其甘如荠。"

⑨堇茶如饴：出自《诗经·大雅·绵》："周原膴膴，堇茶如饴"，描述周族祖先在周原地方采集堇菜和苦菜吃。

【译文】

《本草·菜部》记载："苦菜，又叫茶，又叫选，又叫游冬，生长在益州的河谷、山陵和道路旁，寒冬也不会冻死。三月三日采摘，制干。"陶弘景注："可能这就是现今所称的茶，又叫茶，喝了使人不睡。"《本草》注云："按《诗经》中所说'谁谓茶苦'、'堇茶如饴'的'茶'，指的都是苦菜。陶弘景所言称苦茶，是木本植物，不是菜类。茗，春季采摘，称为苦搽音途遐反。"

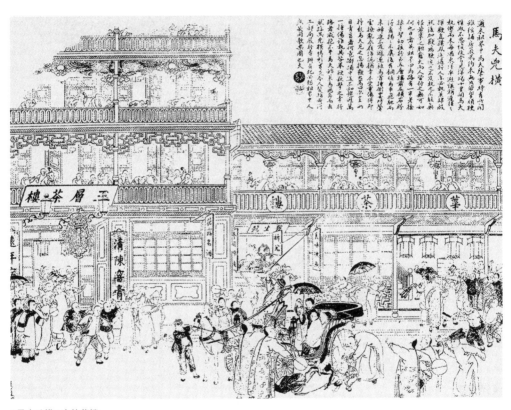

《马夫凶横》中的茶楼

《枕中方》^①："疗积年瘘，苦茶、蜈蚣并炙，令香熟，等分，捣筛，煮甘草汤洗，以末傅之。"

【注释】

①《枕中方》：南宋《秘书省续编到四库书目》著录有"孙思邈《枕中方》一卷，阙"。有医书引录《枕中方》中的单方。而《新唐书·艺文志》、《宋史·艺文志》、《通志》、《崇文总目》皆著录为孙思邈《神枕方》一卷，叶德辉考证认为二书即是一书二名。

【译文】

《枕中方》记载："治疗多年的瘘疾，用苦茶和蜈蚣一同烤炙，等到烤熟发出香味，分成相等的两份，捣碎筛末，一份加甘草煮水擦洗，一份直接以末外敷。"

《孺子方》^①："疗小儿无故惊蹶^②，以苦茶、葱须煮服之。"

【注释】

①《孺子方》：小儿医书，具体不详。《新唐书·艺文志》有"孙会《婴孺方》十卷"，《宋史·艺文志》有"王彦《婴孩方》十卷"，当是类似医书。

②惊蹶：一种有痉挛症状的小儿病。发病时，小儿神志不清，手足痉挛，常易跌倒。

【译文】

《孺子方》记载："治疗小儿不明原因的惊蹶，用苦茶和葱须一起煎水服用。"

【点评】

在本章中，陆羽汇集了至他那个时期所可见到的绝大部分茶史料，自有史以来至初唐的茶历史文献资料四十八则，对人们全面了解中国茶叶历史文化，有着重要的意义。其中有些材料现在已经不见，所以《茶经》还保存了一些难得的史料。

四十八则史料分见于多类书籍文献中，自先秦诸子百家中的《晏子春秋》，到秦汉以来的字书、医药书、史书、小说、诗文、僧史、地志、经方等种类的书籍，让人看到茶历史文化的多姿多彩。虽然有人列出少数几则陆羽未曾收录的史料，认为《七之事》不够完全，就古人所具有的图书资料条件而言，未免有点太苛责于古人了。

对于所收的四十八则茶史料，陆羽的编排顺序是很有历史感的。与名人相关的茶事茶文，基本上按时间顺序来排列，而其他不以名人茶事著名的图记、图经、本草书、医方等类书，则先分类编排，在同一类中再按时间排列。这种有类有序的编排，可以说是陆羽《茶经》之前的茶史长编，为其大力提倡的茶饮文化提供了有力的历史支持，也更能帮助读者深入了解与掌握茶史茶事，从而更有深度地去感受茶的历史文化内涵。

《七之事》近五十则材料最主要的作用，是让人们从历史文献的记载中，看到并印证茶文化的各方面内容。一如节俭，晏婴、陆纳、桓温、南朝齐世祖武帝萧赜等人，都曾用茶来表示自己的节俭生活。二是将茶用于祭祀，如齐武帝遗诏设茶为祭、剡县陈务妻以茶奠古墓、余姚人虞洪遇仙人等事迹中以茶祭供的行为，直接影响到唐代形成明确的以茶供佛、祀神以及多种祭祀礼仪。宋以后，以茶致祭也进入到士大夫的家礼之中，成为中国礼仪习俗中的一个组成部分。其三特别值得注意的是，本章所记茶事中有多条材料指向茶对人修炼的作用，如广陵老姥能够提着茶器飞行，仙人丹丘子请虞洪祀之以茶，单道开服食的物品中有茶苏，陶弘景《杂录》更是明言："苦茶轻身换骨"，等等。这些事迹，很快就在唐代诗人卢仝的著名茶诗《走笔谢孟谏议寄新茶》中凝炼为茶能使人羽化升仙的文学意象："七碗吃不得也，唯觉两腋习习清风生。蓬莱山，在何处，玉川子乘此清风欲归去。"从此，饮茶能使人风生两腋的意象，成为中国茶文学中的一个经典。四是所记交广地区以茶待客的习俗，晋人南渡在石头城以茶迎后渡者的记载，表明在南方产茶地区饮茶的普泛以及客来设茶习俗形成时间之早。而陆纳以茶待客以显清素简朴，则又给以茶待客的行为注入了清简的涵义。

名人茶事有着强大的示范作用和心理暗示，医药书、经方等方面的内容，则从医药的

宣化辽墓壁画《出行图》
　　图中侍者手持马鞭、华伞、衣物、茶水碗具等，正在等候主人上马出行。

角度，对前面章节中述及的茶叶的各种功用，起到了专业论证的作用。而诗文等文学作品对于茶饮的描述，极其生动形象。特别是左思《娇女诗》对于两个娇美小女儿急于饮茶的生动描绘："心为茶荈剧，吹嘘对鼎𬬻"，因为急于想喝到茶，所以也顾不得地上的尘土和炉中的烟灰，而去对着炉火吹气助燃，以便能早早喝到茶汤。如此生动鲜活的形象充满了感染力。而地记、图经等地理书中关于各地产茶的记载，又开启了下一章唐代茶叶产区的篇章。

茶经

卷 下

八之出

山南①，以峡州上②，峡州生远安、宜都、夷陵三县山谷③。襄州、荆州次④，襄州生南漳县山谷⑤，荆州生江陵县山谷⑥。衡州下⑦，生衡山、茶陵二县山谷⑧。金州、梁州又下⑨。金州生西城、安康二县山谷⑩，梁州生褒城、金牛二县山谷⑪。

【注释】

①山南：唐贞观十道之一，因在终南、太华二山之南，故名。其辖境相当于今四川嘉陵江流域以东，陕西秦岭、甘肃嶓冢山以南，河南伏牛山西南，湖北涢水以西，自重庆至湖南岳阳之间的长江以北地区。开元间分为东、西两道。按：唐贞观元年（627），分全国为十道，关内、河南、河东、河北、山南、陇右、淮南、江南、剑南、岭南，政区为道、州、县三级。开元二十一年（733），增为十五道，京畿、关内、都畿、河南、河东、河北、山南东道、山南西道、陇右、淮南、江南西道、江南东道、黔中、剑南、岭南。天宝初，州改称郡，前后又将一些道划分为几个节度使（或观察使、经略使）管辖，今称为方镇。乾元元年（758），又改郡为州。

②峡州上：峡州，一名硖州，因在三峡之口得名，郡名夷陵郡，治所在夷陵县（今湖北宜昌）。辖今湖北宜昌市县、宜都、长阳、远安县。《新唐书·地理志》载土贡茶。唐杜佑《通典》载："土贡茶芽二百五十斤。"出产的名茶有碧涧、明月、芳蕊、茱萸簝、小江园茶。"上"，与下文的"次"，"下"，"又下"，是陆羽所评各州茶叶质量的四个等级，唐裴汶《茶述》把碧涧茶列为全国第二类贡品。

③远安、宜都、夷陵三县：皆是唐峡州属县。远安县，在今湖北远安县。宜都县，在今湖北宜都县。夷陵县，唐朝峡州州治之所在，在今湖北宜昌东南。

④襄州：隋襄阳郡，唐武德四年（621）改为襄州，领襄阳、安养、汉南、义清、南漳、常平六县，治襄阳县（在今湖北襄樊市汉水南襄阳城）。天宝初改为襄阳郡，十四年置防御使。乾元初复为襄州。上元二年（761）置襄州节度使，领襄、邓、均、房、金、商等州。自后为山南东道节度使治所。荆州：又称江陵郡，后升为江陵府。是唐代的大都市之一，

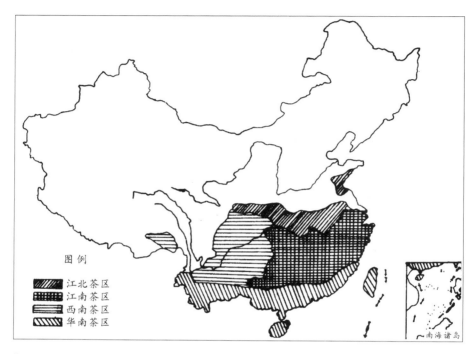

中国茶区地图（转载自《中国茶经》）

也是最大的茶市之一。唐乾元间（758—759），置荆南节度使，统辖许多州郡。除江陵县产茶外，所属当阳县清溪玉泉山产仙人掌茶，松滋县也产碧涧茶，北宋列为贡品。

⑤南漳：约在今湖北西北部的南漳县。

⑥江陵县：唐时荆州州治之所在，在今湖北江陵。

⑦衡州：隋衡山郡，武德四年，置衡州，领临蒸、湘潭、来阳、新宁、重安、新城六县，治衡阳县（武德四年至开元二十年名为临蒸县），在今湖南衡阳。天宝初改为衡阳郡。乾元初复为衡州。按：衡州在唐代前期由江陵都督府统管，江陵属山南道，故陆羽把

衡州列为此道。至德以后，改属江南西道。

⑧衡山县：约在今湖南衡山。原属潭州，后划入衡州。唐时县治在今朱亭镇对岸。唐李肇《唐国史补》卷下载名茶"有湖南之衡山"，唐杨晔《膳夫经手录》载衡山茶运销两广及越南，唐裴汶《茶述》把衡山茶列为全国第二类贡品。

⑨金州：唐武德年间改西城郡为金州，治西城县（今陕西安康）。辖境相当于今陕西石泉县以东、旬阳县以西的汉水流域。天宝初改为安康郡，至德二年（757）改为汉南郡，乾元元年（758）复为金州。《新唐书·地理志》载金州土贡茶芽。唐杜佑《通典》卷六载金州土贡"茶芽一斤"。梁州：唐属山南道，治南郑县（在今陕西汉中东）。辖境相当于今陕西汉中、南郑、城固、勉县及宁强县北部地区。开元十三年（725）改梁州为褒州，天宝初改为汉中郡，乾元初复为梁州，兴元元年（784）升为兴元府。《新唐书·地理志》载土贡茶。

⑩西城县：汉置县，到唐代地名未变，唐代金州治所，即今陕西

碧螺春

蒙顶茶

安康。安康县：唐代金州属县，在今陕西汉阴。汉安阳县，西晋改名安康县，到唐前期未变更。至德二年（757），改称汉阴县。

⑪襄城县：唐贞观三年（629）改襄中为襄城县，在今陕西汉中西北。底本作"襄城"，隶河南道许州，即今河南襄城，不属山南道梁州，而且不产茶。显系"襃"、"襄"形近之误。金牛县：唐武德三年（620）以县置襃州，析利州之绵谷置金牛县，八年州废，改隶梁州。宝历元年（825），并入西县（今勉县）为镇。

【译文】

山南，以峡州所产的茶为最好，峡州出产于远安、宜都、夷陵三县的山谷。襄州、荆州所产茶为次好，襄州产于南漳县山谷，荆州产于江陵县山谷。衡州所产茶差些，产于衡山、茶陵二县山谷。金州、梁州茶又差一些。金州产于西城、安康二县山谷，梁州产于襃城、金牛二县山谷。

淮南①，以光州上②，生光山县黄头港者③，与峡州同。义阳郡、舒州次④，生义阳县钟山者与襄州同⑤，舒州生太湖县潜山者与荆州同⑥。寿州下⑦，盛唐县生霍山者与衡山同也⑧。蕲州、黄州又下⑨。蕲州生黄梅县山谷⑩，黄州生麻城县山谷⑪，并与金州、梁州同也。

唐寅《琴士图》
　　一位身着白袍的高士端坐在岩头溪瀑前，正抚琴饮茗，身后两童子侍立。苍松后有一童子在执扇煮水。整幅画给人以超凡脱俗之感。

【注释】

①淮南：唐代贞观十道、开元十五道之一，以在淮河以南为名，其辖境在今淮河以南、长江以北、东至湖北应山、汉阳一带地区，相当于今江苏北部、安徽河南的南部、湖北东部，治所在扬州（即今江苏扬州）。

②光州：唐属淮南道，武德三年（620）改弋阳郡为光州，治光山县（在今河南光山），太极元年（712）移治定城县（今潢川县）。天宝初复为弋阳郡，乾元初又改光州。辖境相当于今河南潢川、光山、固始、商城、新县一带。

③光山县：隋开皇十八年（598）置县为光州治，即今河南光山县。

④义阳郡：唐初改隋义阳郡为申州，辖区大大缩小，相当于今河南信阳市、县及罗山县。天宝初又改称义阳郡。乾元初复称申州。《新唐书·地理志》载土贡茶。舒州：唐武德四年（621）改同安郡置，治所在怀宁县（今安徽潜山），辖今安徽太湖、宿松、望江、桐城、枞阳、含安庆市、岳西县和今怀宁县。天宝初复为同安郡，至德年间改为盛唐郡，乾元初复为舒州。据唐李肇《唐国史补》卷下记载，舒州茶已于780年以前运销吐蕃（今西藏）。

⑤义阳县：唐申州义阳县，在今河南信阳南。钟山：山名，在信阳东十八里。

⑥太湖县：唐舒州太湖县，即今安徽太湖县。潜山：山名，北宋乐史《太平寰宇记》卷一二五："潜山在县西北二十里，其山有三峰，一天柱山，一潜山，一皖山。"

⑦寿州：唐武德三年改隋寿春郡为寿州，治寿春县（即今安徽寿县）。天宝初又改寿春郡。乾元初复称寿州。辖今安徽寿县、六安、霍丘、霍山县一带。《新唐书·地理志》载土贡茶。唐裴汶《茶述》把寿阳茶列为全国第二类贡品。唐李肇《唐国史补》卷下载寿州茶已于780年以前运销吐蕃（今西藏）。

⑧盛唐县生霍山：盛唐县，原为霍山县，唐开元二十七年（739）改名盛唐县，并移县治于驺虞城，即今六安县。天宝元年（742），又另设霍山县。此处霍山为山名，在霍山县西北五里，又名天柱山。霍山在唐代产茶量多而著名，称为"霍山小团"、"黄芽"。

⑨蕲州：唐武德四年（621）改隋蕲春郡为蕲州，治蕲春（今湖北蕲春一带），天宝初改为蕲春郡，乾元初复为蕲州。辖今湖北蕲春、浠水、黄梅、广济、英山、罗田县地。《新唐书·地理志》载土贡茶。唐裴汶《茶述》把蕲阳茶列为全国第一类贡品。唐李肇《唐国史补》卷下载名茶有"蕲门团黄"，曾运销吐蕃（今西藏）。黄州：唐初改隋永安郡为黄州，治黄冈县（在今湖北新洲）。天宝初改为齐安郡，乾元初复为黄州。辖今湖北黄冈、麻城、黄陂、红安、大悟、新洲县地。

⑩黄梅县：隋开皇十八年（598）改新蔡县置，唐沿之，唐李吉甫《元和郡县志》卷二八称其"因县北黄梅山为名"。即今湖北黄梅。

⑪麻城县：隋开皇十八年（598）改信安县置，唐沿之。即今湖北麻城。

【译文】

淮南，以光州所产的茶为最好，光州光山县黄头港的茶，与峡州茶品质相同。义阳郡、舒州所产茶为次好，申州义阳县钟山所产茶与襄州茶同，舒州太湖县潜山所产茶与荆州茶同。寿州所产茶差些，寿州盛唐县霍山茶与衡山茶同。蕲州、黄州茶又差一些。蕲州出产于黄梅县山谷，黄州产于麻城县山谷，均与金州、梁州相同。

浙西①，以湖州上②，湖州，生长城县顾渚山谷③，与峡州、光州同；生山桑、儒师二坞④，白茅山、悬脚岭⑤，与襄州、荆州、义阳郡同；生凤亭山伏翼阁飞云、曲水二寺、啄木岭⑥，与寿州、衡州同；生安吉、武康二县山谷⑦，与金州、梁州同。）常州次⑧，常州义兴县生君山悬脚岭北峰下⑨，与荆州、义阳郡同；生圈岭善权寺、石亭山⑩，与舒州同。宣州、杭州、睦州、歙州下⑪，宣州生宣城县雅山⑫，与蕲州同；太平县生上睦、临睦⑬，与黄州同；杭州，临安、於潜二县生天目山⑭，与舒州同；钱塘生天竺、灵隐二寺⑮，睦州生桐庐县山谷⑯，歙州生婺源山谷⑰，与衡州同。润州、苏州又下⑱。润州江宁县生傲山⑲，苏州长洲县生洞庭山⑳，与金州、蕲州、梁州同。

【注释】

①浙西：唐贞观、开元间分属江南道、江南东道。乾元元年（758），置浙江西道、浙江东道两节度使方镇，并将江南西道的宣、饶、池州划入浙西节度。浙江西道简称浙西。大致辖今安徽、江苏两省长江以南、浙江富春江以北以西、江西鄱阳湖东北角地区。节度使驻润州（今江苏镇江市）。

②湖州：隋仁寿二年（602）置，大业初废。唐武德四年（621）复置，治乌程县（在今湖州市城区）。辖境相当于今浙江湖州市、长兴、安吉、德清东部地区。天宝初改为吴兴郡，乾元初复为湖州。《新唐书·地理志》载土贡紫笋茶。唐杨晔《膳夫经手录》："湖州紫笋茶，自蒙顶之外，无出其右者。"

唐张文规题名摩岩石刻

③长城县：即今浙江长兴县。隋大业末置长州，唐武德四年（621）更置绥州，又更名雄州，七年州废，以长城属湖州。五代梁改名长兴县，与今同。顾渚山：唐代又称顾山。唐李吉甫《元和郡县志》载："长城县顾山，县西北四十二里。贞元以后，每岁以进奉顾渚紫笋茶，役工三万人，累月方毕。"《新唐书·地理志》："顾山有茶，以供贡。"唐裴汶《茶述》把它与蒙顶、蕲阳茶同列为全国上等贡品。唐李肇《唐国史补》列为全国名茶，并载其运销吐蕃（今西藏）。

④山桑、儒师二坞：长兴县的两个小地名，唐皮日休《茶籝》诗有曰："筤筥晓携去，蓦个山桑坞。"《茶人》诗有曰："果任獳师虏。"

⑤白茅山：茅同"茆"，白茅山即同白茆山，《同治湖州府志》卷一九记其在长兴县西北七十里。悬脚岭：在今浙江长兴县西北。悬脚岭是长兴与宜兴分界处，境会亭即在此。

⑥凤亭山：《明一统志》载其"在长兴县西北五十里，相传昔有凤栖于此"。伏翼阁：《明一统志》载长兴县有伏翼涧，"在长兴县西三十九里，涧中多产伏翼。"按：涧、阁字形相近，伏翼阁或为伏翼涧之误。飞云寺：在长兴县飞云山，南朝宋元徽五年（477）置飞云寺。曲水寺：不详。唐人刘商有《曲水寺枳实》诗。啄木岭：《吴兴掌故集》言其在长兴"县西北六十里，山多啄木鸟"。

⑦安吉县：唐初属桃州，旋废。麟德元年（664）再置，属湖州。在今浙江湖州安吉县。武康县：三国吴分乌程、余杭二县立永安县。晋改为永康，又改为武康。武德四年（621）置武州，七年州废，县属湖州。

⑧常州：唐武德三年（620）改毗陵郡为常州，治晋陵县（今江苏常州）。垂拱二年（686）又分晋陵县西界置武进县，同为州治。天宝初改为晋陵郡，乾元初复为常州。辖境相当于今江苏常州、武进、无锡、宜兴、江阴等市县。《新唐书·地理志》载土贡紫笋茶。

⑨义兴县：汉阳羡县，唐属常州，即今江苏宜兴。常州所贡茶即宜兴紫笋茶，又称阳羡紫笋茶。《唐义兴县重修茶舍记》载，御史大夫李栖筠为常州刺史时，"山僧有献佳茗者，会客尝之，野人陆羽以为芬香甘辣，冠于他境，可荐于上。栖筠从之，始进万两，此其滥觞也。"大历间，遂置茶舍于罨画溪。唐裴汶《茶述》把义兴茶列为全国第二类贡品。君山：在宜兴县南二十里，旧名荆南山，在荆溪之南。

⑩善权寺：唐羊士谔有《息舟荆溪入阳羡南山游善权寺呈李功曹巨》诗："结缆兰香渚，挈侣上层冈。"宜兴丁蜀镇有兰渚，位于县东南。善权，相传是尧舜时的隐士。石亭山：宜兴城南一小山，明王世贞《石亭山居记》记其在"城南之五里……其高与延袤皆不能里计"。

⑪宣州：唐武德三年（620）改宣城郡为宣州，治宣城县（今安徽宣州），辖境相当

于今安徽长江以南，郎溪、广德以西，旌德以北，东至以东地。杭州：隋开皇九年（589）置，唐因之，治钱塘（今浙江杭州）。隋大业及唐天宝、至德间尝改余杭郡。辖境相当于今浙江杭州、余杭、临安、海宁、富阳、临安等市县。睦州：唐

沈周《汲泉煮茗图轴》（局部）

武德四年（621）改隋遂安郡为睦州，万岁通天二年（697）移治建德县（今浙江建德东北五十里梅城镇），辖境相当于今浙江淳安、建德、桐庐等市县地。天宝元年（742）改称新定郡。乾元元年（758）复为睦州。《新唐书·地理志》载土贡细茶。唐李肇《唐国史补》卷下载名茶"睦州有鸠坑"。鸠坑在淳安县西新安江畔。歙州：唐武德四年（621）改隋新安郡为歙州，治歙县（即今安徽歙县）。天宝初改称新安郡。乾元初复为歙州。辖境相当于今安徽新安江流域、祁门和江西婺源等地。唐杨晔《膳夫经手录》载有"新安含膏"、"先春含膏"，并说："歙州、祁门、婺源方茶，制置精好，不杂木叶，自梁、宋、幽、并间，人皆尚之。赋税所入，商贾所赍，数千里不绝于道路。"

⑫雅山：又写作"鸦山"、"鸭山"、"丫山"，唐杨晔《膳夫经手录》："宣州鸭山茶，亦天柱之亚也"，五代毛文锡《茶谱》："宣城有丫山小方饼。"北宋乐史《太平寰宇记》卷一〇三记宁国县"鸦山出茶尤为时贡，《茶经》云味与蕲州同"。

⑬太平县：唐天宝十一年（752）分泾县西南十四乡置，属宣城郡。乾元初属宣州，大历中废，永泰中复置。即今安徽黄山太平县。上睦、临睦：太平县二地名。舒溪（青弋江

上游）的东源出自黄山主峰南麓，绕至东面北流，入太平县境，称为睦溪。上睦在黄山北麓，临睦在其北。

⑭临安县：西晋始置，隋省，唐垂拱四年（688）复置，属杭州，即今杭州临安。於潜县：汉始置，唐属杭州，县城在浙江临安西六十余里于潜镇，清末尚有此县，现已并入临安。天目山：因山有两峰，峰顶各一池，左右相对，名曰天目。天目山脉横亘于浙西北、皖东南边境。有两高峰，即东天目山和西天目山，海拔都在一千五百米左右，东天目山在临安县西北五十余里，西天目山在旧于潜县北四十余里。

⑮钱塘：南朝时改钱唐县置，隋开皇十年（590）为杭州治，大业初为余杭郡治，唐初复为杭州治，在今浙江杭州。灵隐寺，在杭州市西十五里灵隐山下（西湖西）。南面有天竺山，其北麓有天竺寺，后世分建上、中、下三寺，下天竺寺在灵隐飞来峰。陆羽曾到过杭州，撰写有《天竺、灵隐二寺记》。

⑯桐庐县：三国吴始置为富春县，唐武德四年（621）为严州治，七年州废，仍属睦州，即今浙江杭州桐庐市。

⑰婺（wù）源：唐开元二十八年（740）置，属歙州，治所即今江西婺源西北清华镇。

⑱润州：隋开皇十五年（595）置，大业三年（607）废。唐武德三年（620）复置，治丹徒县（今江苏镇江）。天宝元年（742）改为丹阳郡。乾元元年（758）复为润州。建中三年（782）置镇海军。辖境相当于今江苏南京、句容、镇江、丹徒、丹阳、金坛等市县地。苏州：隋开皇九年（589）改吴州置，治吴县（今江苏苏州西南横山东）。以姑苏山得名。大业初复为吴州，寻又改为吴郡。唐武德四年（621）复为苏州，七年徙治今苏州。开元二十一年（733）后，为江南东道治所。天宝元年（742）复为吴郡。乾元后仍为苏州。辖境相当于今江苏苏州、吴县、常熟、昆山、吴江、太仓，浙江嘉兴、海盐、嘉善、平湖、桐乡，及上海大陆部分。

⑲江宁县：西晋太康二年（281）改临江县置，唐武德三年（620）改名归化县，贞观九年（635）复改白下县为江宁县，属润州。至德二年（757）为江宁郡治，乾元元年（758）

仇英《松溪论画图》

年（758）为升州治，上元二年（761）改为上元县。在今江苏南京江宁。傲山：不详。

⑳长洲县：唐武则天万岁通天元年（696）分吴县置，与吴县并为苏州治。1912年并入吴县。相当于今苏州吴县。洞庭山：又称包山，系太湖中的小岛。

【译文】

　　浙西，以湖州所产的茶为最好，湖州出产于长城县顾渚山谷的茶，与峡州、光州同；产于山桑、儒师二坞、白茅山、悬脚岭的茶，与襄州、荆州、义阳郡同；产于凤亭山、伏翼阁、飞云、曲水二寺、啄木岭的茶，与寿州、衡州同；产于安吉、武康二县山谷的茶，与金州、梁州同。常州所产茶为次好，常州出产于义兴县君山悬脚岭北峰下的茶，与荆州、义阳郡同；产于圈岭善权寺、石亭山的茶，与舒州同。宣州、杭州、睦州、歙州所产茶差些，宣州宣城县雅山茶，与蕲州同；太平县上睦、临睦出产的茶，与黄州同；杭州临安、于潜二县天目山所产茶，与舒州同；钱塘县天竺、灵隐二寺的茶，睦州桐庐县山谷所产茶，歙州婺源山谷所产茶，与衡州同。润州、苏州所产茶又差一些。润州江宁县傲山所产茶，苏州长洲县洞庭山所产茶，与金州、蕲州、梁州同。

剑南①，以彭州上②，生九陇县马鞍山至德寺、棚口③，与襄州同。绵州、蜀州次④，绵州龙安县生松岭关⑤，与荆州同；其西昌、昌明、神泉县西山者并佳⑥，有过松岭者不堪采。蜀州青城县生丈人山⑦，与绵州同。青城县有散茶、木茶。邛州次⑧，雅州、泸州下⑨，雅州百丈山、名山⑩，泸州泸川者⑪，与金州同也。眉州、汉州又下⑫。眉州丹棱县生铁山者⑬，汉州绵竹县生竹山者⑭，与润州同。

【注释】

①剑南：唐贞观十道、开元十五道之一，以在剑门山以南为名。辖境包括现在四川的大部和云南、贵州、甘肃的部分地区。采访使驻益州（治成都）。乾元以后，曾分为剑南西川、剑南东川两节度使方镇，但不久又合并。

②彭州：唐垂拱二年（686）置，治九陇县（在今四川彭州）。天宝初改为蒙阳郡。乾元初（758）复为彭州。辖境相当于今四川彭州、都江堰等地。

③九陇县：唐彭州州治，即今四川彭州。马鞍山：南宋祝穆《方舆胜览》载彭州西有九陇山，其五曰走马陇，或即《茶经》所言马鞍山。至德寺：《方舆胜览》载彭州有至德山，寺在山中。棚口，一作"堋口"，堋口茶，唐代已著名，五代毛文锡《茶谱》云："彭州有蒲村、堋口、灌口，其园名仙崖、石花等，其茶饼小而布嫩芽如六出花者尤妙。"

④绵州：隋开皇五年（585）改潼州置，治巴西县（今四川绵阳涪江东岸）。大业三年（607）改为金山郡。唐武德元年（618）改为绵州，天宝元年（742）改为巴西郡。乾元元年（758）复为绵州。辖境相当于今四川罗江上游以东、潼河以西江油、绵阳间的涪江流

采茶入贡

皖属六安州英山
霍山等县俱产茶该两
县报经茶政衙门
之前谷雨初芽乡人踊
跃采茶颇须泒州
茶未焙前須
采荼兼求雜绘匀米
而味美雖绘匀米
獲取
遠茶顆株小製米
青鳥等處雖有毫米
婦稚之屬有嘉米
姿紛
貢貢潤地方官前
謝進里以供
上用愿見者生畧古
品業龍图而足貢
入貢而巳
未貢夫

《点石斋画报·采茶入贡》

域。蜀州：唐垂拱二年（686）析益州置，治晋原县（今四川崇州）。天宝初改为唐安郡。乾元初复为蜀州。辖境相当于今四川崇州、新津等市县地。蜀州名茶有雀舌、鸟觜、麦颗、片甲、蝉翼，都是散茶中的上品。

⑤龙安县：唐武德三年（620）置，属绵州。在今四川安县。天宝初属巴西郡，乾元以后属绵州。以县北有龙安山为名。五代毛文锡《茶谱》："龙安有骑火茶，最上，言不在火前、不在火后作也。清明改火。故曰骑火。"松岭关：唐杜佑《通典》记其在龙安县"西北七十里"。唐初设关，开元十八年（730）废。松岭关在绵、茂、龙三州边界，是川中入茂汶、松潘的要道。唐时有茶川水，是因产茶为名，源出松岭南，至安县与龙安水合。

⑥西昌：唐永淳元年（682）改益昌县置，属绵州，治所在今四川安县东南四十里花荄镇。天宝初属巴西郡，乾元以后属绵州。北宋熙宁五年（1072）并入龙安县。昌明：唐先天元年（712）因避讳改昌隆县置，属绵州，治所在今四川江油市南彰明镇。天宝初属巴西郡，乾元以后复属绵州。地产茶，唐白居易《春尽日》诗曰："渴尝一碗绿昌明。"唐李肇《唐国史补》卷下载名茶有昌明兽目，并说昌明茶已于780年以前运往吐蕃（今西藏）。神泉县：隋开皇六年（586）改西充国县置，以县西有泉十四穴，平地涌出，治病神效，称为神泉，并以名县。唐因之，属绵州，治所在今四川安县南五十里塔水镇。天宝初属巴西郡，乾元以后复属绵州。元代并入安县。地产茶，唐李肇《唐国史补》卷下："东川有神泉小团、昌明兽目。"西山：神泉县的山脉。

⑦青城县：唐开元十八年（730）改清城县置，属蜀州，治所在今四川都江堰市（旧灌县）东南徐渡乡杜家墩子，因境内有著名的青城山为名。丈人山：青城山有三十六峰，丈人峰是主峰。

⑧邛州：南朝梁始置，隋废，唐武德元年（618）复置，初治依政县，显庆二年（657）移治临邛县（今四川邛崃）。天宝初改为临邛郡，乾元初复为邛州。辖境相当于今四川邛崃、大邑、蒲江等市县地。地产茶，五代毛文锡《茶谱》载："邛州之临邛、临溪、思安、火井，有早春、火前、火后、嫩绿等上、中、下茶。"

⑨雅州：隋仁寿四年（604）始置，大业三年（607）改为临邛郡。唐武德元年（618）复改雅州，治严道县（今四川雅安西），辖境相当于今四川雅安、芦山、名山、荥经、天全、宝兴等市县地。天宝初改为卢山郡，乾元初复为雅州。开元中置都督府。地产茶，《新唐书·地理志》载土贡茶。《元和郡县志》载："蒙山在（严道）县南十里，今每岁贡茶，为蜀之最。"所产蒙顶茶与顾渚紫笋茶是唐代最著名的茶。唐杨晔《膳夫经手录》说："元和以前，束帛不能易一斤先春蒙顶。"唐裴汶《茶述》把蒙顶茶列为全国第一流贡茶之一。蒙山是邛崃山脉的尾脊，有五峰，在名山县西。泸州：南朝梁大同中置，隋改为泸川郡。唐武德元年（618）复为泸州，治泸川县（今四川泸州）。天宝初改泸川郡，乾元初复为泸州。辖境相当于今四川沱江下游及长宁河、永宁河、赤水河流域。

⑩百丈山：在名山县东北六十里。唐武德元年（618）置百丈镇，贞观八年（634）升为县。名山：一名蒙山，鸡栋山，《元和郡县志》载：名山在名山县西北十里，县以此名。百丈山、名山皆产茶，五代毛文锡《茶谱》言"雅州百丈、名山二者尤佳"。

⑪泸川：泸川县，隋大业元年（605）改江阳县置，为泸州州治所在，三年为泸川郡治。唐武德元年（618）为泸州治。在今四川泸州。

⑫眉州：西魏始置，隋废。唐武德二年（619）复置，治通义县（今四川眉山）。天宝初改为通义郡，乾元初复为眉州。辖境相当于今四川眉山、彭山、丹棱、青神、洪雅市县地。地产茶，五代毛文锡《茶谱》言其饼茶如蒙顶制法，而散茶叶大而黄，味颇甘苦。汉州：唐垂拱二年（686）分益州置，治雒县（今四川广汉）。辖境相当于今四川广汉、德阳、什邡、绵竹、金堂等市县地。天宝初改德阳郡，乾元初复为汉州。

⑬丹棱县：隋开皇十三年（593）改洪雅县置，属嘉州，唐武德二年（619）属眉州，治所即在今四川丹棱县。铁山：当即铁桶山，在丹棱县东南四十里。

⑭绵竹县：隋大业二年（606）改孝水县为绵竹县（即今四川绵竹）。唐武德三年（620）属蒙州，蒙州废，改属汉州。竹山：应为绵竹山，又名紫岩山、武都山。

【译文】

剑南，以彭州所产的茶为最好，九陇县马鞍山、至德寺、棚口所产茶，与襄州同。绵州、蜀州所产茶为次好，绵州龙安县松岭关所产茶，与荆州同；而西昌、昌明、神泉县西山所产茶一样的好，过了松岭的茶就不值得采制了。蜀州青城县丈人山所产茶，与绵州同。青城县有散茶、木茶。邛州、雅州、泸州所产茶差些，雅州百丈山、名山所产茶，泸州泸川所产茶，与金州同。眉州、汉州所产茶又差一些。眉州丹棱县铁山所产茶，汉州绵竹县竹山所产茶，与润州同。

　　浙东①，以越州上②，余姚县生瀑布泉岭曰仙茗③，大者殊异，小者与襄州同。明州、婺州次④，明州贸县生榆荚村⑤，婺州东阳县东白山与荆州同⑥。台州下⑦。台州始丰县生赤城者⑧，与歙州同。

【注释】

　　①浙东：唐代浙江东道节度使方镇的简称。乾元元年（758）置，治所在越州（今浙江绍兴），长期领有越、衢、婺、温、台、明、处七州，辖境相当于今浙江省衢江流域、浦阳江流域以东地区。

　　②越州：隋大业元年（605）改吴州置，大业间改为会稽郡，唐武德四年（621）复为越州，天宝、至德间曾改为会稽郡，乾元元年（758）复改越州。辖境相当于今浙江浦阳江（浦江县除外）、曹娥江、甬江流域，包括绍兴、余姚、上虞、嵊州、诸暨、萧山等市县。唐剡溪茶甚著名，产于所属嵊州。

　　③余姚县：秦置，隋废，唐武德四年（621）复置，为姚州治，武德七年之后属越州。瀑布泉岭：在余姚，《茶经·四之器》"瓢"条下台州瀑布山非一。

　　④明州：唐开元二十六年（738）分越州置，治鄞县（今浙江鄞县西南四十二里鄞江镇），唐李吉甫《元和郡县志》卷二十六："以境内四明山为名。"辖境相当于今浙江宁波、鄞县、慈溪、奉化等市县和舟山群岛。天宝初改为余姚郡，乾元初复为明州。长庆元

年（821）迁治今宁波。婺
州：隋开皇九年（589）分
吴州置，大业时改为东阳
郡。唐武德四年（621）复置
婺州，治金华（即今浙江金
华）。辖境相当于今浙江金
华江流域及兰溪、浦江诸
市县地。天宝元年（742）改
为东阳郡，乾元元年（758）
复为婺州。地产茶，唐杨晔
《膳夫经手录》记婺州茶与
歙州等茶远销河南、河北、
山西，数千里不绝于道路。

上海《图画日报》第165号《茶坊酒肆年终做押贷之闹忙》

　⑤贸县：为宁波之古
称。秦置县。昔海人贸易于此，后加邑从鄮，因以名县。隋废省，唐武德八年（625）复置，
属越州，治今浙江鄞县西南四十二里鄞江镇。开元二十六年（738）为明州治。大历六年
（771）迁治今浙江宁波。五代钱镠避梁讳，改名鄞县。榆笑村：不详。

　⑥东阳县：唐垂拱二年（686）析义乌县置，属婺州，治所即今浙江东阳。东白山：
《明一统志》记其"在东阳县东北八十里……西有西白山对焉"。东白山产茶，唐李肇
《唐国史补》卷下载"婺州有东白"名茶。

　⑦台州：唐武德五年（622）改海州置，治临海县（即今浙江临海）。以境内天台山为
名。辖境相当于今浙江临海、台州二市及天台、仙居、宁海、象山、三门、温岭六地。天宝
初改临海郡，乾元初复为台州。

　⑧始丰县生赤城：始丰县，西晋始置，隋废。唐武德四年（621）复置，八年又废。

贞观八年（634）再置，属台州，治所即今浙江天台。以临始丰水为名。直至肃宗上元二年（761）始改称唐兴县。赤城：赤城山，在今浙江天台县西北六里。孔灵符《会稽记》曰："赤城山，土色皆赤，岩岫连杳，状似云霞。"

【译文】

浙东，以越州所产的茶为最好，余姚县瀑布泉岭茶称为仙茗，大叶茶非常特殊，小叶茶与襄州同。明州、婺州所产茶为次好，明州鄮县榆筴村所产茶，婺州东阳县东白山所产茶，与荆州同。台州所产茶差些。台州始丰县赤城山所产的茶，与歙州同。

黔中①，生思州、播州、费州、夷州②。

【注释】

①黔中：唐开元十五道之一，唐开元二十一年（733）分江南道西部置。采访使驻黔州（治重庆彭水县）。大致辖今湖北清江中上游、湖南沅江上游、贵州毕节、桐梓、金沙、晴隆等市县以东，重庆綦江、彭水、黔江，及广西东兰、凌云、西林、南丹等市县。

②思州：黔中道属州，唐贞观四年（630）改务州置，天宝初改宁夷郡，乾元初复为思州。治务川县（在今贵州沿河县东）。辖境相当于今贵州沿河县、务川县、印江县和四川酉阳县地。播州：黔中道属州，唐贞观十三年（639）置，治恭水县（在今贵州遵义），以其地有播川为名。辖境相当于今贵州遵义市县及桐梓县地。费州：黔中道属州，北周始置，唐贞观十一年（637）时治涪川县（即今贵州思南）。天宝初改为涪川郡，乾元初复为费州。辖境相当于今贵州德江、思南县地。夷州：黔中道属州，唐武德四年（621）置，治绥阳（今贵州凤冈）。贞观元年（627）废，四年复置。辖境相当于今贵州凤冈、绥阳、湄潭等县地。

【译文】

黔中，出产于思州、播州、费州、夷州。

绿吴趣唐寅
窗下清风满鬓
自赉持料得南
日长何所事茗碗

唐寅《事茗图》（局部）

江南①，生鄂州、袁州、吉州②。

【注释】

①江南：最初指江南道，唐贞观十道之一，因在长江之南而名。其辖境相当于今浙江、福建、江西、湖南等省，江苏、安徽的长江以南地区，以及湖北、重庆长江以南一部分和贵州东北部地区。玄宗开元二十一年（733），分江南道为江南东道、江南西道和黔中道。肃宗乾元元年（758），析江南东道置浙江东道、浙江西道两节度使方镇，此后唐代江南一般是指改设观察使的江南西道。江南西道治洪州（今江西南昌），辖地为今江西

（婺源县除外）全部、安徽宣城（绩溪县除外）、芜湖、马鞍山、铜陵、池州、湖北鄂州、湖南岳阳、长沙、衡阳、永州、道县、新田、江永、宁远、江华瑶族自治县、郴州、邵阳和广东连州。

②鄂州：隋始置，后改江夏郡。唐武德四年（621）复为鄂州，治江夏县（今湖北武汉市武昌城区）。天宝初改为江夏郡，乾元初复为鄂州。辖境相当于今湖北蒲圻市以东，阳新县以西，武汉市长江以南，幕阜山以北地。地产茶，唐杨晔《膳夫经手录》说，鄂州茶与蕲州茶、至德茶产量很大，销往河南、河北、山西等地，茶税倍于浮梁。袁州：隋始置，后改宜春郡。唐武德四年（621）复改袁州，因袁山为名，治宜春（即今江西宜春）。天宝初改为宜春郡，乾元初复为袁州。辖境相当于今江西萍乡和新余以西的袁水流域。地产茶，五代毛文锡《茶谱》：“袁州之界桥（茶），其名甚著。”吉州：唐武德五年（622）改隋庐陵郡置，治庐陵（在今江西吉安）。天宝初改为庐陵郡，乾元初复为吉州。辖境相当于今江西新干、泰和间的赣江流域及安福、永新等县地。

【译文】

江西，出产于鄂州、袁州、吉州。

岭南①，生福州、建州、韶州、象州②。福州生闽县方山之阴也③。

【注释】

①岭南：岭南道，唐贞观十道、开元十五道之一，因在五岭之南得名，采访使驻南海郡番禺（今广州）。辖境相当于今广东、广西、海南三省区、云南南盘江以南及越南的北部地区。

②福州：唐开元十三年（725）改闽州置，因州西北福山为名，治闽县（即今福建福州）。天宝元年（742）改称长乐郡，乾元元年（758）复称福州。为福建节度使治。辖境相当于今福建尤溪县北尤溪口以东的闽江流域和古田、屏南、福安、福鼎等市县以东地区。

《新唐书·地理志》载其土贡茶。建州：唐武德四年（621）置，治建安县（今福建建瓯）。天宝初改建安郡。乾元初复为建州。辖境相当于今福建南平以上的闽江流域（沙溪中上游除外）。地产茶，北宋张舜民《画墁录》言："贞元中，常衮为建州刺史，始蒸焙而碾之，谓研膏茶。"延至唐末，建州北苑茶最为著名，成为五代南唐和北宋的主要贡茶。韶州：隋始置又废，唐贞观元年（627）复改东衡州，取州北韶石为名，治曲江县（今广东韶关市南十里武水之西）。天宝初改称始兴郡。乾元初复为韶州。辖境相当于今广东曲江、翁源、乳源以北地区。象州：隋始置又废，唐武德四年（621）复置，治今广西象州。天宝初改象山郡。乾元初复为象州。辖境相当于今广西象州、武宣等地。

③闽县：隋开皇十二年（592）改原丰县置，初为泉州、闽州治，开元十三年（725）改为福州治。天宝初为长乐郡治，乾元初复为福州治。方山：在福州闽县，周回一百里，山顶方平，因号方山。方山产茶，唐李肇《唐国史补》卷下载"福州有方山之露芽"。

【译文】

岭南，出产于福州、建州、韶州、象州。福州茶出产于闽县方山的北面。

其思、播、费、夷、鄂、袁、吉、福、建、韶、象十一州未详，往往得之，其味极佳。

文徵明《玉川图》

【译文】

对于上述思、播、费、夷、鄂、袁、吉、福、建、韶、象这十一州所产的茶，具体情况还不大清楚，常常能够得到一些，品尝一下，觉得味道非常之好。

【点评】

《八之出》记述了中唐时期的茶叶地理。

陆羽基本按照两个原则进行记述，一是行政区划，一是茶叶品质。总共记录唐代八道四十三州郡产茶，除了当时不在唐朝界内的南诏国（今云南）外，基本与现今中国的产茶地区相一致。（有论者以为陆羽未将云南列入本章的茶产区是种不完整，还是未免太苛责古人了。）对于不同产区的茶叶品质，陆羽都分别给以"上，次，下，又下"四个等级的评价，并且将不同地区的茶叶品质进行比较。

从陆羽所论列的产茶州县情况的详略，可以大致判断陆羽在哪些地区进行过较为详细的考察。一般而言，在县以下列有更小地名及所产茶的，应该就是陆羽到过并进行过详细考察的地区。

此外，还可以根据本章内容判断出《茶经》成书的大致时间。唐代的地名因为政治经济形势的变化改动较多，中外学者研究《八之出》的地名，大多是758—761年之间的地名，据此可知，《茶经》写作于这段时间之内。而据《封氏闻见记》所记李季卿宣慰江南时，曾先后召常伯熊、陆羽为之煮茶，而常伯熊所凭据的正是陆羽《茶经》来看，在李季卿宣慰江南的764年之前，《茶经》已经有所流传。本章记江南道诸州茶产时，记为"未详"，"往往得之，其味极佳"，则表明陆羽在撰写这些文字之时，还未到过这些地区。而陆羽事实上大致在782年移居江西，所以现今看到的《茶经》本子，定是写成并流传于782年之前的。

从茶产区小注文中可以看到，陆羽对于湖州的描述最详细，所记小地名也最多，从此可知陆羽对这一地区的考察最为细致，这也是促使他最终在这一地区写作《茶经》的原因之一。也与《南部新书》记录陆羽曾于大历五年（770）致信国子祭酒杨绾，并寄湖州顾渚紫笋

赵孟頫《松荫会琴图》

茶推荐此茶的事情相联系在一起。

所以，本章除了记述传达唐代茶叶产区及其茶叶品质资料外，还包含了更多的有关陆羽考察茶事与撰写《茶经》的信息，可以说是人们研读《茶经》的意外之得。

陆羽是在实地考察以及亲身体验的基础上写作本章内容的。同时，熟悉者详细记之，不熟者则客观诚实地言以"未详"，再次体现了陆羽客观诚实的科学态度。

茶经

卷　下

九之略

　　其造具，若方春禁火之时①，于野寺山园，丛手而掇②，乃蒸，乃舂，乃拍，以火干之，则又棨、扑、焙、贯、棚、穿、育等七事皆废③。

【注释】

　　①方：表示某种状态正在持续或某种动作正在进行，犹正。禁火：即寒食节，清明节前一日或二日，旧俗以寒食节禁火冷食。

　　②丛手而掇：聚众手一起采摘茶叶。

　　③则又棨（qǐ）、扑、焙（bèi）、贯、棚、穿、育等七事皆废："则又"之"又"字当为衍字。棨，在茶饼上钻孔的锥刀。焙，微火烘烤。废，弃置不用。

【译文】

　　关于造茶工具，如果正当春季清明前后寒食禁火之时，在野外寺庙或山间茶园，大家一齐动手采摘，当即就地蒸茶，舂捣，用火烘烤干，那末，棨、扑、焙、贯、棚、穿、育等七种制茶工具都可以省略。

　　其煮器，若松间石上可坐，则具列废。用槁薪、鼎𨫙之属①，则风炉、灰承、炭挝、火筴、交床等废。若瞰泉临涧，则水方、涤方、漉水囊废。若五人已下，茶可末而精者②，则罗合废。若援藟跻岩③，引絙入洞④，于山口炙而末之，或纸包合贮，则碾、拂末等废。既瓢、碗、竹筴、札、熟盂、鹾簋悉以一筥盛之⑤，则都篮废。

【注释】

　　①鼎：三足两耳的锅。𨫙（lì）：同"鬲"，形状同鼎，有三足，可直接在其下生火，而不需炉灶。

②茶可末而精者：茶可以研磨得比较精细。

③蔂（lěi）：藤。跻：攀登，达到。

④绠（gēng）：粗绳，与"绠"通。

⑤鹾（cuó）簋（guǐ）：盛盐的容器。鹾，味浓的盐。簋，古代椭圆形盛物用的器具。

【译文】

关于煮茶器具，如果在松林之间，有石可以放置茶具，那末具列可以不用。如果用干柴枯叶及鼎锸之类的锅来烧水，那么风炉、灰承、炭树、火筴、交床等器具都可以弃置不用。若是在泉旁溪边煮茶，水方、涤方、漉水囊也可以省略。如果只有五个以下的人喝茶，茶又可碾成细末，就不必用罗合了。如果攀附藤蔓登上山岩，或拉着粗绳进入山洞，先在山口把茶烤好研细，或用纸包或盒子装好，那么，碾、拂末也可以不用。如果瓢、碗、竹筴、札、熟盂、鹾簋都可以盛放在一只竹筥中，那么都篮也可以省去。

　　但城邑之中，王公之门，二十四器阙一①，则茶废矣。

【注释】

①二十四器：此处言二十四器，但在《四之器》中包括附属器共列出了二十九种。详见本书《四之器》注①。

【译文】

但是，在城市之中，王公贵族之家，二十四种煮茶器具如果缺少一样，就算不上是真正的饮茶了。（茶道就不存在了。）

【点评】

本章列举在野寺山园、瞰泉临涧诸种饮茶环境下，种种可以省略不用的制茶、煮饮茶用具，特别体现了陆羽的林泉之志。

刘松年《斗茶图》

《九之略》最为典型地表达了陆羽身为闲云野鹤的隐士，却时时心系高远庙堂，这种貌似矛盾、实际统一的中国古代文人的一种典型心态。中国古代怀有经世济时抱负的文人士大夫，在不同的人生状态下关注的焦点不同，一般而言，"居庙堂之上则忧其民，处江湖之远则忧其君"。作为山泽草民，陆羽在《茶经》中所提出的饮茶规范，是指向那些身处庙堂的人们的。但陆羽显然始终未能忘怀自己隐逸之士的山人、处士本质，所以在本章中，为那些和他一样优游林下、泛舟江湖、林栖谷隐的人们，提出了在山林野外各种环境下，种种可以省略的器具。

从本质上来说，陆羽有着山林隐逸之士追求自由之心，正是这种追求让他在年少时毅然决然下定决心逃离龙盖寺，也让他两次未赴唐廷的征召去做太子文学或太常寺太祝，也让他在专门讲求饮茶规范的《茶经》中，专列一章讲述种种情况下可以省略的器具，因为在放松自由的山林里，器具足用即可。

然而，在本章的最后，为了避免读者因《九之略》误解写作《茶经》的济世思想，产生疑惑，陆羽以"但城邑之中，王公之门，二十四器阙一，则茶废矣"，这样缺一不可的句子，结束了讲述关于省略器具的篇章，说只有完整使用全套茶具，体味其中存在的思想轨范，茶道才能存而不废。强烈的对比反差，让人无论对于省略器具、还是二十四组器具缺一不可全都留下了深刻的印象，这或许就是陆羽如此写作的初衷。

茶经

卷 下

十之图

以绢素或四幅或六幅①，分布写之，陈诸座隅②，则茶之源、之具、之造、之器、之煮、之饮、之事、之出、之略目击而存，于是《茶经》之始终备焉。

【注释】

①以绢素或四幅或六幅：此处的图写张挂，不是专门有图。《四库总目提要》："其曰图者，乃谓统上九类写绢素张之，非别有图，其类十，其文实九也。"绢素，素色丝绢。幅，按唐令规定，绸织物一幅是一尺八寸。

②座隅（yú）：座位的旁边。隅，角，角落。

【译文】

用四幅或六幅素色丝绢，把上述内容全部抄写出来，张挂在座位旁边。这样，茶的起源、采制工具、制茶方法、煮饮器具、煮饮方法、茶事历史、产地以及茶具省略方法等内容，就可以随时看到，这样，《茶经》所有

刘松年《博古图》

内容就真正完备了。

【点评】

　　本章在正文之中要求将全书内容图写张挂，以使其内容目击而存、烂熟于胸，这样在制茶饮茶时便能得心应手，得饮茶之精髓。这样的要求是很罕见的，表明了陆羽对《茶经》的自信与期待。